逛動物園

是件正經事

花蝕　著

中華教育

目 錄

推薦序

張恩權

和花蝕在網上交流很久了，但直到去年 8 月才第一次見面，因為有大事將要發生。他說要做一件事，一件幾乎讓所有人都會羨慕的事：遍訪動物園，一路玩一路發遊記，並最終整理成一本書。我說：「太棒了！這件事還沒有人做過。」於是直接跳過了可行性分析，在我的小本子上寫下了大致的順序和目的地，然後他拍了一張照片就出發了。把他送走，我回到辦公室，又看了看小本子，我覺得這一頁特別重要，於是蓋了一枚私章。

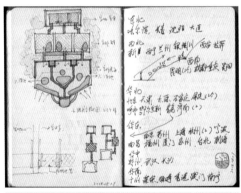

花蝕的遊記

這樣的一本書，我已經等很久了。

從拿到清樣到讀完，大約用了八個小時，而花蝕給我預留的時間是兩週。讀完最後一頁，我突然想起在孩子上小學時，我們去新加坡動物園玩兒，他在那座動物園玩了不久之後，回頭對我說：我再也不去你們動物園了。看着他一臉認真的嫌棄，我當時的心情和剛看完這本書時的感受很相似：各種失落、沮喪和不甘。不僅是我有這種感受，我相信幾乎所有的國內動物園從業者在看到花蝕「直播」的遊記微博後面的評論時，心情都應該和我差不多。可是當我注意到 #花老師帶你逛動物園# 的話題閱讀量已經超過 1.8 億時，又看到了動物園行業的希望——居然有那麼多的人在關注動物園，有那麼多的人認為「逛動物園是件正經事」。

沒錯，逛動物園本來就是正經事，只可惜，不正經的動物園太多了，有些動物園甚至覺得自己本來就應該是個娛樂場所，這和絕大多數動物園的起源有關。20 世紀 50 年代到 70 年代，在國內，幾乎所有的省會城市和部分大城市都修建了人民公園、勞動公園等大眾休閒娛樂場所，為了進一步滿足人們的精神文化需求，然後在這些公園或原有的公園內，劃出一小塊地用來飼養、展示野生動物，這些「動物角」也稱為「園中園」。在這些動物園中，野生動物只是用來滿足人們的娛樂需求的。後來的幾十年，地產經濟將絕大多數園中園從市區逼到了郊區，過去的動物角紛紛變成獨立的動物園。遺憾的是，這些新興的動物園並沒有產生變化，只是變得更大

了，被圈養的動物更多了。

現在，這些動物園不得不做出改變了。自媒體時代，每個人都能公開表達自己的觀點和看法，當公眾的知識和意識超前於動物園的發展現狀時，動物園承受的輿論壓力會越來越大。面對越來越多的指責，大多數動物園還在用體制問題、歷史問題、經營模式問題等理由為自己開脫，但這些理由在悲慘的動物福利面前，都不堪一擊。儘管任何一個行業的發展，都無法擺脫整個社會經濟發展的影響，但漠視動物福利的動物園，存在的問題不是經濟問題，而是思想認識的不足，是動物園自身的問題。

動物園存在的意義是甚麼？我是這樣理解的：動物園收集、展示野生動物，通過行為管理保障動物福利，使遊客感受到野生動物是神奇、可愛的；通過保護教育，使遊客感受到這些可愛的動物與其野外生活環境的關聯，並意識到牠們的生活環境其實和人類的生活環境是同一環境，而人類的決策和行為會影響環境，並直接或間接地影響到這些可愛的野生動物。好的動物園會讓遊客在參觀後獲得的不僅是愉悅和知識，還有責任感和使命感，並最終將所有的收穫和感悟體現於日常行為的改善；這種行為的改變會減小對環境的壓力，從而讓人類和這些可愛的野生動物都能更長久地存活在地球上。所以，為了自己，為了自己的孩子，每個人都有責任把動物園變得更好。

「動物園的核心目標是物種保護，但其核心行動是實現積極動物福利」，動物福利是動物園一切運營活動的基礎，明白了這個道理，就不會再用各種理由搪塞公眾的關注了；明白了這個道理，就會踏踏實實地去改善園裏的動物福利了。

這樣的一座動物園，我已經等很久了。

2019 年 6 月

序言

花蝕

2018 年底，我做了一件事情：我花了四個月的時間，跑了全中國 41 個城市，逛了 56 個動物園，同時在網上進行了直播。做這件事，最重要的原因是我喜歡動物，喜歡動物園。同時，我想看看今天的中國動物園行業的水平如何，並教大家我逛動物園的方法。

為甚麼要逛動物園？有人問過我這個問題。其實，現在網路這麼發達，紀錄片也非常多，我們能夠毫不費力地知道一種動物長甚麼樣。但是，這樣的「瀏覽」，只是借助別人的耳目去觀察。我們去動物園，能用眼睛看，能用耳朵聽，甚至可以用鼻子聞，去感受每一種動物的獨特之處。

舉個例子，有種動物叫熊狸。牠有個神奇的特性：會散發出甜甜的香味。很多哺乳動物，都會用氣味標記領地，傳遞信息。在野外，我們經常能觀察到各種野生動物都會在路口或是突出地面的大石頭上尿尿、屙屎，來傳遞信息，這些地方，彷彿就是動物版的「臉書」（Facebook）——只不過牠們的是「屎書」（Shitbook）。熊狸尿液的味道很神奇，是甜香的，有人形容是奶油爆米花的味道。這個信息我很早就知道，但直到在動物園裏真的聞過一次，才感受到那種甜兮兮、帶一點臭的類似於熱帶水果的氣味。那可真是神奇。

想要逛動物園逛得爽，就得看得出來一座動物園哪裏好或者哪裏不好。我逛動物園，最看重的一點是：能不能看到動物的自然行為。

甚麼是自然行為呢？我舉個例子。

2013 年的時候，我去雲南普洱市的無量山做了個採訪。無量山是甚麼地方呢？在金庸先生的《天龍八部》中，段譽誤入琅

熊狸

原始森林中的野生西黑冠長臂猿

枝頭的鵜鶘巢

嬛福地，遇到了神仙姐姐的雕像，還學會了凌波微步和北冥神功。那個琅嬛福地就在無量山。在現實裏，無量山中也有一種「武功高手」，那就是浪跡於樹冠之上的長臂猿，具體點說，是西黑冠長臂猿。

在山中，早上 8 點，我剛端起飯碗開始吃早餐。突然聽到遠方傳來了一陣悠揚、清遠，又不失婉轉的聲音。當時我就呆住了。旁邊保護區的朋友一看我的神態，笑着告訴我這是長臂猿在唱歌。於是，我走出基地，看到遠方的青山上彌漫着晨曦的薄霧，聽到樹林中長臂猿的歌聲此起彼伏。在自然界當中，長臂猿社會的基本單位是家庭。每天早上，各個家庭都會用歌聲向鄰居傳達信息，告訴別的猿自己家在這兒，你們別來侵犯。有意思的是，長臂猿是哺乳動物中除了人類之外唯一會唱和聲的動物，牠們會雌雄搭配合唱。

這就是長臂猿在「鬥歌」，一種自然行為。如果大家身邊的動物園裏養着長臂猿，不妨一大早去碰碰運氣，看能否遇到這樣的自然行為。

為甚麼我會這樣看重自然行為呢？因為我們來動物園不只是想看一種動物長甚麼樣，只看長相，看一種動物是甚麼樣，那不如去上網查、去看紀錄片。逛動物園真正的優勢，就是去觀察動物在幹甚麼，怎麼幹，為甚麼要這麼幹。

另外，自然行為是一個指標，只有把動物養好了，讓牠們覺得是生存在自己該生存

的地方，牠們才會願意展現出自然行為，這個指標能告訴我們這個動物園到底好不好。

我們如何才能知道動物園裏的動物展現的是不是自然行為呢？這需要一點動物學知識，但細緻的觀察可以彌補知識上的欠缺。比方說，絕大多數時候，鸕鶿是在水面上或者是陸地上待着的。但如果你突然發現，有鸕鶿待在樹上，就要好好看看，牠們的屁股下面是不是有樹枝做成的窩，多觀察一段時間，你可能就會在窩裏看到一些小鳥嘰嘰喳喳起來。原來，牠們上樹做窩是為了生兒育女。

另外，有兩種情況，一般都不是自然行為。

第一種是野生動物和人類互動，比方說熊作揖向人類乞求食物，或是黑猩猩向人扔東西。為甚麼呢？莊子說，相濡以沫不如相忘於江湖。在自然中，絕大多數情況下，野生動物是不會碰到人類的，所以也不會和人有甚麼互動。

第二種是單調、重複的行為。我們有時候會在動物園裏看到豹子來回踱步，大象頻繁甩頭，有的朋友還會覺得這是動物特別活潑的表現。其實，這在動物學上被稱為「刻板行為」，通俗來講就是這些動物被養得太差了，太無聊沒事可做，給憋壞了。刻板行為不只動物會有，小孩兒有時候養太差也會出現。只要動物園裏的動物出現刻板行為，那麼牠的飼養環境就肯定會有一些缺陷。

動物園裏的動物，如果養得不好、展示得不好，就會出現乞食的現象，就會出現刻板行為。如果養得有可取之處，便能展示出自然行為。能看到動物在動物園中自由自在生活，展示出自然行為，大家才能感到開心。

個人認為，動物園是一個有原罪的地方。

緬甸棱背龜

它畢竟剝奪了動物的自由。但動物園在現代的社會裏，又是一個必不可少的地方。現代動物園有三大目標：第一，保護珍稀動物，留下牠們的血脈，通過人工繁殖增加牠們的數量；第二，增進我們對動物的認識，尤其是行為學上的認識；第三，為公眾提供自然教育。一個動物園，如果做不到這三點，是不配稱為現代動物園，也無法面對自身原罪的。

全世界有不少瀕臨滅絕的動物，是動物園給救過來的。舉個例子，有一種龜，叫緬甸棱背龜。這種龜的背部正中，有一條突起的刺棱，這條棱在幼龜身上更明顯。這是一種被人類從滅絕線上扯回來的動物，2000 年的時候，人們一度認為牠可能滅絕了。直到 2002 年，科學家突然在緬甸野外發現了一個很小的種羣，包括曼德勒動物園在內的兩個緬甸組織迅速對這個小種羣展開了搶救。十六年來，在國際動物保護組織的幫助下，這種龜已經繁殖出近千隻個體，其中的數百隻被送回了當年發現牠們的地方。如今，那裏有一個遠比當年堅強的種羣。在牠們的背後，還有來自緬甸、新加坡的三個人工種羣作為堅強的後盾。

自人類出現以來，尤其是最近幾百年來，有好多物種滅絕了，這些物種的滅絕，相當一部分原因得歸咎於人類。動物園執行瀕危物種復育的任務，就是在為全體人類贖罪。

國際上有抱負有擔當的動物園，共同成立了世界動物園和水族館協會（World Association of Zoos and Aquariums, WAZA），這個協會致力於促進動物園行業的發展，也制定了行業的標準，是全世界動物園行業的最高權威。但可惜的是，中國僅有來自香港、台灣的四家機構加入了這個協會。

在世界動物園行業內，有一篇文章被稱為「行業聖經」，名為《如何展示一隻牛蛙》。這篇文章在網上能下載到由北京動物園的巴羅老師翻譯的中文全文，它講的是如何以一隻牛蛙為中心，建立起一座動物園，把自然展示給遊客。這篇短文，也是動物園愛好者必讀的文章，推薦大家去看一看。

限於篇幅，本書中對各家動物園的介紹都較為簡略。這些介紹也更偏向於講講各園的亮點。但我相信，大家可以通過我的文字和圖片，明白一座動物園好的地方好在哪——通曉了這個，何其為差，也就一目了然了。

另外，從本書的第 7 次印刷開始，我在書中更新了一些新的信息，希望能讓大家感受到近些年來中國動物園行業的進步和努力。

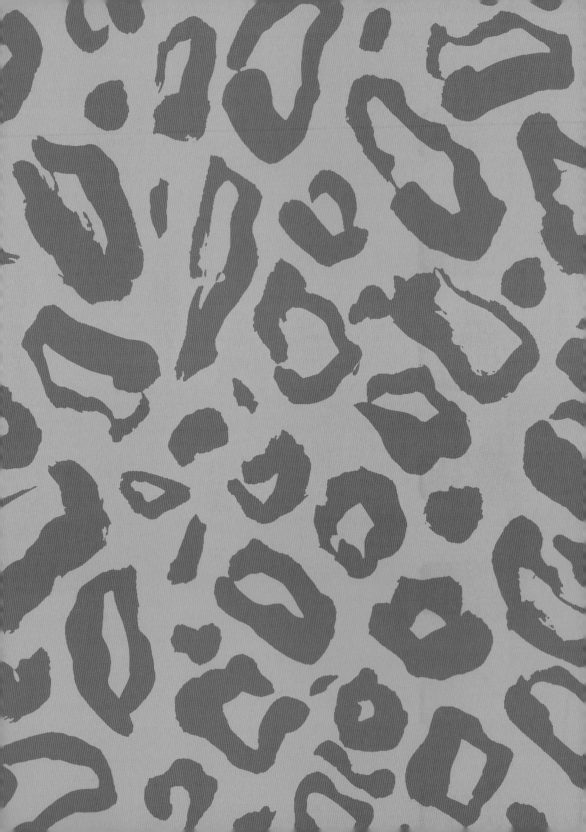

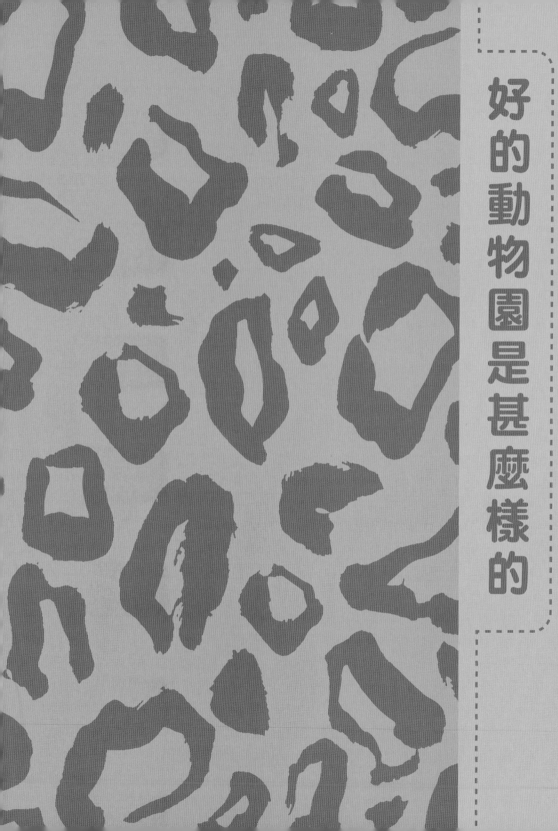

好的動物園是甚麼樣的

我遇到過很多朋友，都説自己特別厭惡動物園，厭惡動物們被關在光禿禿的籠子裏無所事事，厭惡動物們看起來病懨懨的樣子，厭惡動物園裏扭曲的馬戲表演。

每當遇到這樣的朋友，我都會和他們有深深的共鳴——儘管我很喜歡動物園。國內仍有不少很落後的動物園。當我們滿目都是一些比較糟糕的狀況的時候，難免會有厭惡之情。尤其是當這樣的厭惡情緒常常來自幼年時的記憶，即使很多動物園現在有了一些改變，也不足以扭轉這樣的感情。

但如果你去國外最先進的那些動物園逛一逛，就會發現大不一樣。也有很多朋友跟我説，當他們去過國外的好動物園之後才發現，動物園真的可以不是動物的囚牢。

如果你想成為一個動物園愛好者，或者想讓你的孩子愛上大自然，或者單純想了解一下中外動物園的差距，那就必須出國看一看。

在這裏，我會向大家介紹國外的五個動物園，其中只有兩個在發達國家。通過這些介紹，你會了解到一座好的動物園會有甚麼樣的特質。

新加坡動物園羣

這是離中國最近的世界超一流動物園。

新加坡動物園羣是當之無愧的亞洲第一動物園，也是離中國最近的世界超一流動物園。它們由新加坡野生動物保育集團運營，由四個分園組成，是去新加坡旅遊必去的景點之一。

如果你曾厭惡動物園，新加坡動物園羣可以作為你重啟動物園之旅的第一站。無論是理念還是設施，這四座動物園的水平都是超一流的，能夠刷新你對動物園的舊印象。它們會讓你發現動物園也能給動物尊嚴，讓你感受到自然之美，讓你更加理解自然，情不自禁地想為自然做一些甚麼事。

如果你要問我新加坡動物園裏最棒的場館是哪一個，我肯定回答：脆弱森林展區。

這個館的格局是甚麼樣的呢？大家可以想像一下國內曾經十分流行的鳥語林。

脆弱森林裏的狐蝠

各地的鳥語林，基本都是拉起一個大網子，把各種鳥都放進去，讓人進去看。但這些鳥語林實際上是有很多問題的。比方説，熱帶鳥、温帶鳥、寒帶鳥都放在同樣的環境裏，這麼養別提營造合適的環境了，動物能勉強活着都不錯。如此混養缺點很多，但也有一些好處：合籠能帶來更大的可利用空間；參觀者進入籠子找鳥，會營造出沉浸式的體驗。

而在國外的一些很棒的動物園裏，有一些看起來和鳥語林比較類似但內核很不一樣的展館。這些展館也會支起大網，把多種動物放進去養，然後把人放進去找動物看。這些場館和國內常見的鳥語林最大的不同就在於——館裏的環境和放進去的物種，都是在同一主題總領之下，受到嚴格控制的。這樣的主題可以是相似的環境，也可以是某一特殊地區的特色。

具體到新加坡動物園的脆弱森林展區，這個館在大籠子裏重現了熱帶雨林的環境，無論是植被還是濕度，各方面都和外面不一樣。園方在裏面放養了許多東南亞熱帶雨林環境中的鳥類、獸類，輔以少量非洲、南美的熱帶物種。在落葉層裏，還故意放養了發聲蟑螂、獨角仙，以及各式各樣色彩繽紛的青蛙和蟾蜍。

在一個可控的場館裏還原熱帶雨林的環境，種滿雨林的植物，就能讓裏面幾乎所有的熱帶動物生活得特別自然，這是一般鳥語林做不到的。用環境匹配合適的動物，也能讓這些動物展示出正常的自然行為，和環境有良性的互動，展現出來的信息也更加豐富。人依舊能在大籠舍裏走來走去，在天空、樹冠、樹幹、林下各個區域尋找生活方式完全不一樣的各種動物，彷彿能感受到在真正的熱帶雨林裏找動物的感覺。

綠蓑鴿

整個館裏，我最喜歡的動物是綠蓑鴿。綠蓑鴿是現生動物中和渡渡鳥關係最近的物種。牠們的脖子上披着蓑衣一般的長羽毛，羽毛的基色是綠色，其上覆蓋着華麗的結構色。當一隻綠蓑鴿從樹蔭下邁步而出，走到樹冠漏下的一縷陽光中時，牠們的羽毛會變換出金、赤、藍、綠等多種顏色，熠熠生輝，讓旁邊的鳳冠鳩、雌性大眼斑雉這樣本來很好看的鳥類黯然失色。

在樹蔭之中，有不少半埋的水泥管。如果你蹲下身來，會看到裏面有一隻小鹿撲閃着大眼睛盯着你。有時候，牠們會走出管子找吃的，你會看到牠們的腿跟牙籤一樣，非常搞笑。這是鼷鹿。在館裏，我遇到了一隻被突然跳下樹的鴨子嚇壞了的鼷鹿，這個小傢伙鎮定下來後迅速地跑到鴨子的食盆中尿了一泡，不知是不是故意在報復。

鼷鹿的「報復」

館裏的動物當然不止這些，還有會和人靠得很近的猴子、特別污的狐蝠、多種小型鳩鴿、樹冠上跑來跑去的巨松鼠。在這裏看到動物很容易，但想看全就必須好好找。

這樣的「找」，就是沉浸式體驗的關鍵。我們逛動物園的時候，常常只是走馬觀花式地瀏覽。這樣急迫的節奏，是不可能觀察好動物的。反而是在這樣需要找的環境中，大家的腳步慢了下來，好奇心在找的過程中得到了釋放，會更加容易注意到各種動物的奇妙之處。

新加坡動物園的靈長類展示也特別精彩。這其中最棒的一個場館，莫過於紅毛猩猩自由活動區。

我們在國內動物園裏看到的猿類，常常就關在不太大的籠子裏，經常還是孤零零的一隻。這樣的畫面就很慘。國內好一些的猿類展示，會提供給動物較大的室外活動場地，並設置比較高的樹或是爬架讓牠們能自在地運動，並會照顧到猿類羣居的特性。

而新加坡動物園的紅毛猩猩自由活動區則更為優秀。它的地面部分，是一個至少有上千平方米的活動場，綠化不錯，有設計精良的爬架，但這部分並沒有甚麼讓人吃驚的——厲害的在天上。

新加坡地處熱帶，樹長得快，也能長很高。紅毛猩猩自由活動區裏，有不少高度在十米以上的大樹。新加坡動物園不但允許猩猩們往上爬，還用木頭把這些大樹的樹冠層連接了起來。這樣一來，這些猩猩就擁有了一個方圓上千平方米、上下十多米高、可自由穿梭的立體活動場。所謂「自由活動區」就是如此。在現場，我就看到幾隻未成年的小紅毛猩猩在樹冠層穿梭。這是在國內完全沒有見過的。

更厲害的是，在樹冠和地面之間有一條步道，人可以走上步道，觀察下方和上方的猩猩。樹冠上垂下了若干鋼纜，在比步道稍高一兩米的地方懸掛着幾個平台，這裏是飼養員給猩猩投餵的地方。遊客可以用接近平視的角度，觀察猩猩進食時的動作，以及猩猩家庭成員間的互動。

除了紅毛猩猩自由活動區，新加坡動物園的長鼻猴展示也很精彩。長鼻猴籠舍勝在造景，籠舍裏有流水，水裏有魚，

紅毛猩猩

長鼻猴

岸上有樹，還原了河流紅樹林的環境，裏面還混養着犀鳥，這也是個加分項。

亞洲，是靈長類演化的熱點區域。新加坡動物園展示的這些亞洲靈長類，加深了這座動物園的亞洲屬性，讓它更有地域特色。

在這座動物園中，還發生過一件讓我特別感慨的事。優秀如新加坡動物園，也有養得不太好的動物。比方説，北極熊。

新加坡位於熱帶，氣候炎熱；北極熊來自北極，喜冷畏熱。這就是個無法調和的矛盾。坦率來講，這頭名叫伊努卡的老北極熊養得並不好，動物園給牠提供了大水池，放了很多水，還做了個小瀑布，但這是個露天的場館，怕熱這個問題怎麼都解決不好。

2018 年 4 月 25 日上午 9 點 30 分，這頭白熊在新加坡動物園永遠地閉上了眼睛，享年 27 歲，這在北極熊中已經是高壽了。新加坡動物園決定，未來再也不養北極熊了，就因為養不好。

這是一種負責的態度，如果人類的愛無法完善表達，無法讓這些動物過得好，那麼，我們應該放手。

再來説説夜間動物園。顧名思義，這是一個晚上才能看的動物園。看起來，這僅僅是開放時間的變化，但其實，背後的理念、管理方式都大有不同。

北極熊

亞洲獅

漁貓

亞洲金貓

雲豹

逛夜間動物園有兩條路線，一條是車行線，一條是人行道。大家去的時候可以選擇先上車。坐車繞夜間動物園一圈，大約需要 40 分鐘。車比較快，在上面只能走馬觀花地把整個動物園逛一圈。這一圈，如果不細看，會漏掉不少亮點。

比方說獅子。是個動物園就有獅子，即使養得特別好也就是獅子。所以看到這些「大貓」——即使是上面那頭大白獅——我們也沒有太在意。沒想到，一羣奇怪的雌獅出現了。牠們下垂着肚皮，上面有很多褶皺……

是的，亞洲也是有獅子的。為甚麼大家都不知道呢？因為太少了。牠們曾廣泛分佈於中亞、南亞，但現在幾近滅絕。要不是印度人給牠們留下了一點血脈，亞洲獅早沒了。目前，全世界的亞洲獅也就幾百頭，在新加坡夜間動物園一看就能看到近十頭，簡直超值啊！

從看到亞洲獅之後，我就驚覺夜間動物園的厲害了。下了車，走上步道，這才是主菜。

夜間動物園的一大魅力，就在於能夠看到動物在夜間的行為。

新加坡夜間動物園的整體環境非常暗，最亮的動物展區也僅僅有一盞亮度類似於滿月的燈。而針對那些適應極暗環境

的動物，籠舍裏的燈光就特別暗了，甚至在有些籠舍裏燈是暗紅色的，這就是在儘量減少對夜行動物行為的影響。於是乎，仔細看，能找到不少有意思的自然行為。

我印象最深的一段，是赤麂和鼷鹿混養區展示出來的。

赤麂

赤麂是一種小型鹿，只有大狗那麼大，比較容易神經質。上面這張圖裏是隻公赤麂，角很漂亮，身體狀況很好，皮毛油光水滑。在牠身邊，還有一頭雌鹿……等等，暗處有個小東西在走動。

咦，這是一家子嗎？興許是大晚上的，雌鹿放鬆了很多，帶着小傢伙出來轉一轉，然後就遇到了我們這些遊人。我是第一次看到「赤麂崽子」，於是和朋友們多待了一會兒，沒多久，別的遊人見我們站着看，於是人羣聚攏了過來。

這時，鹿們有點緊張了。有意思的事情發生了。

雌赤麂拋下「小崽子」，徑直走向趴在地上的公鹿。公鹿也不動，就看着雌鹿在自己身邊走來走去。被拋下的「小崽子」掉頭走向遠離雌鹿的方向，躲到了一棵樹的陰影之下，一動也不動。

下面這張圖是我用單反長曝光＋超高感光度拍下來的，人眼根本看不到——要不是我觀察到了全過程，根本沒法在烏漆墨黑的樹影下找到小鹿。這樣的應對方式，我猜應該是赤麂幼崽避敵的策略：老媽把敵人引開，自己躲進陰影裏。

鼷鹿

但是，我猜錯了。經朋友提醒，這個小的不是赤麂，更不是幼崽，而是隻鼷鹿。大家可以仔細看看牠嘴巴，上面有個小獠牙。躲在暗處不動，是鼷鹿的夜間禦敵策略。

好玩的是，回看照片時我發現這小傢伙一直在嚼嚼嚼，倒沒忘了吃啊……

麂在英語裏也叫「犬吠鹿」（Barking Deer），説的是牠們在遇到敵害時會像狗那樣吠叫。這個聲音我們沒聽到，看來赤麂也不是很緊張。

那些囂張的掠食者在夜晚動靜就大多了。比方說斑鬣狗。我們剛看到那羣斑鬣狗的時候，牠們還很恬靜，歲月靜好。

斑鬣狗

沒過一會兒，餵食的飼養員出來了。他剛一靠近，斑鬣狗們就激動起來了……等到幾塊肉扔了進來，狗羣爭搶了起來。幾隻斑鬣狗興奮得大叫，一時間，狂笑聲在夜空裏飄盪不停。

斑鬣狗的叫聲，真的和人類的怪笑很像啊。我還是第一次聽到。

在自然界當中，很多動物都是晨昏行動，或者夜晚出門。只有在這樣的夜間動物園裏，才能夠看到如此多的夜間行為。

另外，新加坡動物園羣裏還有專精淡水

河流生態的河川生態園、展示奇異飛鳥的裕廊飛禽公園。

不管在哪兒，動物園很常見，鳥語林曾經很常見，海洋館正在越來越常見，但專精於河流的動物園或者水族館卻非常少。

新加坡動物園羣內的河川生態園就是這樣一個以展示全球大江大河生態為特色的動物園。在這裏，你能看到美洲的亞馬遜河和密西西比河，非洲的尼羅河和剛果河，亞洲的長江、湄公河和恆河，澳洲的瑪麗河。在這些大河當中，生存着許多河中巨怪或是神奇的魚類。例如，剛走到非洲河流區，你就會看到一羣體長一米、牙齒嚇人的大魚——狗脂鯉。

狗脂鯉

象鼻魚

而在狗脂鯉的另一側，是一種有着長鼻子的怪魚：象鼻魚。象鼻魚在水族市場裏被稱為「海豚」，看那樣子確實有幾分像海豚。

如果你對淡水魚不熟悉，那麼，到河川生態園裏面逛一圈，看看它們的水族缸，就會有一種開了眼的感覺。對於很多人來説，魚嘛，就是烤、清蒸、紅燒、刺身、壽司，但其實，魚類是多樣性最高的脊椎動物，全世界各地有着各種各樣不同的魚。這樣一座河川生態園，會讓我們感受到魚類的多樣性。

在這座動物園中，也不只有魚，還有一些其他動物生活在模擬自然環境的展區中，例如恆河鱷。

在這個巨型鱷魚缸的櫥窗前，你能看到恆河鱷在水下潛伏着，而在水面上有小型的瀑布，有合理的植物，水中有伴生的龜和魚。這樣的動物，就應該生活在這樣的地方。諸君，能看到鱷魚在水下幹甚麼的鱷魚展區，你見過幾個？河川生態園的這些展區，你永遠都能從側面看到水下的詳情，這才是展示水生生物應有的方式。而在展區旁邊，又是一排詳盡的展板。恆河鱷鼻子上的腫包是怎麼回事，牠們的嘴怎麼這麼細長，該怎麼保護這種動物，答案應有盡有。

裕廊飛禽公園的歷史比新加坡動物園還要長，相比後起之秀夜間動物園和河川生態園，它的設施和理念看起來都稍微老一點——不過相對國內的絕大多數動物園，還是特別優秀的。

恆河鱷

我參觀這座動物園的時候運氣很好，觀察到了三種動物的繁殖行為。

第一種是鵜鶘，我第一次看到牠們在樹上築的巢。

在樹上築巢的鵜鶘

第二種是小天堂鳥。這隻雄鳥像個痴心漢一樣在籠子裏跳來跳去、不停鳴唱，為了求偶也是拚了。

小天堂鳥

第三種是各類犀鳥。雄犀鳥在繁殖季節會把雌鳥封在樹洞裏，供養牠們吃喝。這樣的行為，我最早是在書上看到過，當見到實物之後，感受深切了很多，一些以前不太理解的問題馬上迎刃而解了。

雙角犀鳥

但要論精彩，新加坡各個動物園裏最精彩的總是合理的混養。裕廊飛禽公園有幾個封閉式混養鳥舍特別精彩。例如一個叫「森林之寶」的展區，它的面積有3000平方米，高有 14 米，在這樣一大片區域裏，看到一羣羣鳥在其中盤旋，那種震撼的感覺，必須親臨才能感受得到。

倫敦動物園

這是全世界最古老的科學動物園，開園於 1828 年。

金剛的家

倫敦動物園是全世界最古老的科學動物園，開園於 1828 年 4 月 27 日，其土地面積只有 15 公頃。相比之下，北京動物園約有 90 公頃，上海動物園有 74 公頃，烏魯木齊天山野生動物園有 6000 多公頃。這還是一個私立動物園，靠捐款、門票收入和贊助運營，沒有甚麼常態化的國家資助。可以說，這個動物園界的老祖宗其實是個小戶人家。

然而，如果你去倫敦動物園逛一逛，會發現好像怎麼逛都逛不完，彷彿一個時間黑洞。無他，這裏的信息密度實在是太高了。

如果說新加坡動物園能夠告訴我們動物在動物園裏可以有尊嚴地活着，也能給我們帶來樂趣，那麼，除了這些，倫敦動物園還能告訴我們一座先進的動物園可以有多美。

倫敦動物園沒有大象，最大的動物是長頸鹿，河馬也是小小的倭河馬，幾乎放棄了大型動物的展示。畢竟，大象、大羣的羚羊甚麼的，必須要配置大的活動場，這大概是小小的倫敦動物園解決不了的。

但你要以為這裏沒甚麼動物可看，那就大錯特錯了。

我們可以好好看一看大猩猩王國展區。除了港澳台地區之外，大猩猩在國內很少見，只有兩家動物園有，其中鄭州動

物園只有一頭雄性，這種展示方式其實不對，因為大猩猩是羣居動物。而上海動物園有一個家庭。

但如果看過倫敦動物園的大猩猩王國，就會發現上海的大猩猩館實在是太難看了。倫敦的大猩猩館無論內外舍，都有異常複雜又漂亮的爬架，外舍的綠化充分發揮了英國人的園藝天賦，做得好看又有層次；內舍的地面上有厚厚一層土，上面鋪着落葉，一大家子大猩猩就在裏面玩耍或者盯着外面「愚蠢的人類」。

綠林戴勝

大猩猩

倫敦動物園小，想要展示豐富，就必須提高展示密度。大猩猩的身邊，還有好些諸如白頂白眉猴、黑白疣猴、綠林戴勝之類的小型非洲動物的展示。這樣，才配稱得上王國嘛。這些小動物也有很多有意思的地方，例如，白頂白眉猴是 2 型 HIV 病毒的天然宿主，他們攜帶這種病毒是不會患病的。在他們身上，我們或許會找到攻克愛滋病的線索。

白頂白眉猴、綠林戴勝在國內動物園裏應該是沒有的。倫敦動物園裏還有很多這樣不那麼常見的野生動物，例如日鳽、剛果孔雀、獴猢狓等。分主題、高密度、多物種的展區，讓整座動物園的信息密度極高，走兩步就要看半天。時間黑洞就是這樣形成的。

白頂白眉猴

植狡蛛

倫敦動物園的野生動物保護宣傳特別真誠，沒有退化成可愛動物保護。園中有一個大型蟲館，對昆蟲、蜘蛛等蟲子有着系統的宣教。這個蟲館裏也有罕見的物種，例如植狡蛛，這是一種水生蜘蛛，在英國是瀕危的本土物種。倫敦動物園蟲館內有一個不大的養殖缸，內部重建了一小塊沼澤地，供植狡蛛繁殖和生活。

近距離觀察蜘蛛的生活：卵囊

蟲子的保護宣傳，最關鍵的是脫敏和祛魅，畢竟大眾（尤其是城市居民）對蟲子的印象，還是以害怕和討厭居多。倫敦動物園就設立了很多能讓人脫敏的展區。例如，蟲館內有一個可以進入的蜘蛛展示間，結網的蜘蛛就生活在步道兩旁，會有講解員帶你觀看蜘蛛的生活。而在蟲館的另一邊，還有不少蟑螂的展示。這裏有一些漂亮的蟑螂，絕對會改變你對這類蟲子的印象。

要是怕近距離接觸蜘蛛、蟑螂，還可以去蝴蝶館看蝴蝶落在你身上。這兒自由飛舞的蝴蝶會展現出很多有意思的行為。比如，右圖中虛掉的是一隻雄蝴蝶，下方的雌蝴蝶抬起腹部表示不想交配，但雄蝴蝶依舊在持續騷擾牠。

蝴蝶館的蝴蝶

倫敦動物園的動物，飼養水平肯定是一流的。在國內，一個動物園只要動物健康、行為豐富，那就是一個好動物園了。但如果你去過發達國家的動物園，看到倫敦動物園這樣的動物園，會發現養得好只是第一步，許多動物園已經進入展得美的境界了。

動物園的「美」，是甚麼樣的美？首先得還原自然。

倫敦動物園的雨林動物區就是還原自然的典範。這是一個巨大的室內溫室，複雜的爬架和熱帶植物佔據了三層樓高的空間，金獅狨等美洲小型靈長類生活在高處，盔鳳冠雉等大型鳥類生活在下層，整個展區高低錯落，有許多不同的觀景窗口，能看到不同的南美雨林動物。身處自然的雨林中也不過如此了。

另一個層次的美是契合人文。

倫敦動物園有一個亞洲獅展區，是的，亞洲是有獅子的。曾經，獅子廣泛分佈在西亞、中亞、南亞，但隨着這幾個地區的人口越來越多，人類的版圖越來越大，獅子越來越少。到了現在，只有印度的吉爾森林國家公園裏還保存着 500 多頭亞洲獅。

倫敦動物園的亞洲獅展區就是在模仿吉爾森林國家公園，一方面重建了印度野外的環境供獅子生活；一方面在遊客的觀察面中，修了許多模仿印度社區的陳設。這個時代的物種保護，其實是在調和自然與人類的關係。吉爾森林國家公園的區域裏不只有野生動物，還有農民、牧人和保護工作者，他們和獅子之間的關係，影響着最後的亞洲獅的生存。展示亞洲獅和亞洲獅身邊的人，更便於讓遠在倫敦的遊客知道保護工作的不易，更容易實現合作而不是對抗。這樣的展示非常棒。

盔鳳冠雉

亞洲獅展區的印度風格裝飾

裝飾亞洲獅展區的電影海報

鳥館的裝飾

順帶一説，亞洲獅展區放的錄音居然有印度口音，那聲音特別跳脱，特別引人注意，同時還很契合環境，但總讓人覺得是英國人在玩冷幽默。前文提到的蟲館裏有一個展示食肉蝸牛的展櫃，那兒播放的食肉蝸牛的紀錄片是法語的，要知道，法國人可愛死（吃）蝸牛了，這也一定是玩梗吧！

倫敦動物園不只有這一處契合人文的美景。他們的鳥舍模仿的是維多利亞時代收藏家的展示櫃，虎區展現了東南亞油棕產業的矛盾，都很美，也很讓人感慨。

在我們的動物園還在糾結怎麼把動物養好的時候，世界上先進的動物園已經在考慮如何展示更多信息，如何讓園區更好看、更有藝術人文氣息了。這樣的差距實在讓人歎氣。我們需要加大投入迎頭趕上。

莫斯科動物園

這是一座基於自然教育、重視動物福利的現代動物園。

北極熊

如果你要去莫斯科，千萬不要錯過莫斯科動物園。

中國動物園的大量出現，是在 1949 年之後。而在那個時代，可供中國動物園參考的樣本，自然是老大哥蘇聯的動物園。這其中，莫斯科動物園又是藍本中的精品。

在那個年代，動物園重視的是收藏。各家動物園都像一個個集郵愛好者一般，以收集的物種多為好。中國的動物園，就跟隨蘇聯走上了「集郵」的道路。在這樣的指導思想下，動物園着重於向遊客展示收藏，不太重視動物福利，因此建造了很多現在看特別落伍的場館。特別有中國特色的「坑式展區」，其實就是跟蘇聯學的。

但近幾十年來，俄羅斯的動物園正在拋棄蘇聯那一套，大步邁向基於自然教育、重視動物福利的現代動物園的形態。尤其是莫斯科動物園，為我們樹立了新標杆，由於根基相似，莫斯科動物園這個範本也更好學。

新加坡動物園、倫敦動物園的好，很可能還得很久才能在中國出現。但莫斯科動物園的好，或許能夠成為中國動物園近期的努力目標。

莫斯科動物園佔地面積為 21.5 公頃，只有北京動物園的四分之一大。但從早上 7 點 30 分開園，我就進了門，一逛就逛到了晚上 7 點，在裏面待了近十二個小時。園中的信息量非常大。

每一個國家都有一些重要的窗口城市。這些窗口城市的動物園對整個國家來說都有非凡的意義。它們要向國民介紹世界，也要向世界介紹自己。能做到這兩點的動物園才堪稱國家動物園。莫斯科動物園就是這麼一座。

莫斯科動物園是如何向世界介紹俄羅斯的自然的？我們先來看看他們的動物明星。

要挑一種動物代表俄羅斯，那必然是北極熊。這種動物在莫斯科動物園裏擁有超然的地位。為了讓這些來自北極的白色生靈度過莫斯科的盛夏，莫斯科動物園製造了一台巨大的造雪機，每天隨時會向室外場館輸送新鮮的白雪。我去的時候，造雪機下就有一大灘積雪。積雪上最好的位置被一頭北極熊佔據着，牠恢意地躺在上面打着盹。

大概也只有能源較為便宜又無比重視北極熊的俄羅斯，能有這樣的大手筆。

北極熊場館裏有個巨大的水池。水池的前方，有一個下沉式的咖啡廳。遊客可以坐在咖啡廳內，看着北極熊在窗外的水池裏或岸上玩耍。莫斯科人太愛他們的北極熊，咖啡廳裏的電視中一直在播放牠們的紀錄片，告訴遊人這幾頭熊的來源。

有朋友告訴我，這個水池冬天也會注上水。在國內，有些北方的動物園一到冬天就不給動物園放水，據說是怕水管凍壞，然而，莫斯科動物園可不會擔心水池會被凍壞。

除了北極熊這樣的大傢伙，莫斯科動物園還有一些小型本土動物的展區特別精彩。我印象最深的一個，就是河狸的展區。莫斯科動物園的河狸做了巢，巢體看起來是飼養員幫忙搭建的。於是，「陰險」的人類在河狸巢裏安了一塊玻璃，遊客走進夜行動物館就能看到河狸育幼。這樣的安排實在是太巧妙。

雪堆上方的管子就是造雪機的出雪口

正在築巢的河狸

苔原狼

我們這些動物園愛好者，非常在意動物園對本土動物的展示。莫斯科動物園在這方面做得相當不錯。除了北極熊、河狸，園內還展示了東西伯利亞羱羊、歐亞猞猁、狼獾、兔猻等多種本土動物。虎、豹、狼這樣有多個亞種的大型猛獸，莫斯科動物園展示的都是本土亞種。像狼，他們展示的就是白色的苔原狼，頗有特點。

而在「向國民介紹世界」的向度上，莫斯科動物園也做得不入俗套。中國有些動物園介紹國外的動物，常常會着力於非洲獅、獵豹、長頸鹿、斑馬等非洲明星物種。似乎有了這些動物，就是開眼見世界了。莫斯科動物園的選擇可不只是這些，就拿在動物園裏不是很常見的動物來說，就有南美的藪犬和細腰貓。

藪犬

藪犬是犬科中的小短腿，按比例算，應該是腿最短的野生犬科動物。莫斯科動物園犬科展區的設計者十分幽默，把犬科腿最短的藪犬放在腿最長的鬃狼旁邊，可以說十分「惡意」了。

不過，你可別以腿長論兇猛。大長腿鬃狼是最和善的犬科動物之一，日常較多吃素。而藪犬可不是吃素的，在野外常常會集羣圍獵大獵物。

在動物園裏，中南美洲的細腰貓比藪犬要稀有得多，我也是第一次見這種動物。分類學家認為細腰貓和美洲獅的關係非常近。所以，我一直以為細腰貓和美洲獅類似，個頭不小。沒想到，見到後才發現體長和大號家貓差不多，身體還細上一圈，果然很「細」了。

莫斯科動物園的貓科陣容非常華麗，除了細腰貓，至少還飼養着東北虎、遠東豹、雪豹、猞猁、美洲獅、叢林貓、非洲野貓。他們似乎很喜歡這樣成系統地飼養某一類別的動物。除了貓科動物之外，莫斯科動物園還如此飼養了山羊、鶴和雉，如此全面地展示一類，也是介紹世界上動物的好方法。

細腰貓

猞猁

論種類，論生物量，各種蟲子遠遠多於脊椎動物。但很少有動物園關注蟲子，簡直就是「脊椎動物沙文主義」。莫斯科動物園就很良心，有一個飼養了許多熱帶昆蟲的昆蟲館，其中尤以東南亞的竹節蟲居多。

更為驚豔的是，莫斯科動物園內還有一個小型的蛛形綱展館，每天定時開放數次，需要現場提前簽字預約。一到時間，會有一個研究員帶着你看各種蜘蛛、蠍子。館裏除了寵物市場裏常見的各種狼蛛、捕鳥蛛之外，還有少見的無鞭蠍、有鞭蠍和避日蛛。如果你喜歡節肢動物，那肯定會喜歡這個地方。

昆蟲和蜘蛛都養得好，就更別提兩棲爬行動物了。莫斯科動物園有兩個爬行動物館，一個飼養鱷魚和大號的蟒、蚺，一個飼養小號的兩棲類、蛇和蜥蜴，都很精彩。

這樣的本土物種、國外物種的搭配，真的是做到了「向國民介紹世界，向世界介紹自己」。

避日蛛

亞洲象館內景

高緯度地區的動物園，冬天都會面臨難題：夏天外場好豐容好做綠化，冬天用的內舍怎麼辦？莫斯科動物園的答卷很漂亮。

我們先來看看亞洲象。這麼說吧，莫斯科動物園的象館太厲害了！

正在玩耍的亞洲象

亞洲象館的室外活動場有厚厚的細沙，附帶一個不小的游泳池，池水至少有兩米深，還帶個小瀑布。我們去的時候，正好遇到象媽媽帶着孩子下去玩，牠把孩子頂在脖子上教孩子玩水，別提多開心了。玩完後，上岸就開始做沙浴。

更厲害的是內舍。

這個亞洲象館有一座巨大的內舍，圍欄之內，是一個巨大的運動場。運動場挑高很高，裏面也有一座水池，而且也是流水。這樣一座運動場，簡直有「侏羅紀公園」系列裏那座飼養霸王龍的場館的感覺。

更精彩的是，這座巨型亞洲象場館裏還有特別好的科普內容。從外部進入場館的走道兩邊，滿是各式各樣的展板。這些展板從大象的基礎知識介紹到了各地的文化意象，有文字，有圖片，還有可以互動的教具，讓遊客可以感受大象鼻子、牙齒等器官的質感。

象，隸屬於非洲獸總目，這類動物的演化中心在非洲。在這個總目裏，有一類

亞洲象館裏的蹄兔

叫蹄兔的小動物和象的關係很近。於是，莫斯科動物園在象館裏養了一窩蹄兔，籠舍裏有沙地，有小樹，有假的岩石可以攀爬。這些活潑的小傢伙看起來在籠舍裏玩得很開心。

這樣一座亞洲象館，冬天的展示能不好？

莫斯科動物園的室內鳥館也值得國內的動物園好好學一學。

這個鳥館的各個展館都是室內展示，水平其實並不能和世界上最好的那些動物園比，場館也不大，但各種小細節很上心。比方說，鳥館二樓的好幾個籠舍其實整體水平和北京動物園的犀鳥展區差不多，但如果養的鳥下地，地上就有厚厚的墊材，不會讓鳥踩水泥地面。

這裏最好的一個展館是一樓的一個大混養籠，其中設置了一條流水的小溪。周圍有各種鷸、燕鷗，旁邊的小樹上有蕉鵑，很漂亮。籠舍的天花板上，還有一個向內開的小暗層。鳥兒繁殖時，可以把巢建在暗層裏面，以便躲避遊客的視野。這個細節非常良心。

停在溪邊柳樹上的蕉鵑

莫斯科動物園還有好幾個場館有內館。這些內館的基建水平都和鳥館差不多，並不像亞洲象館那樣高。但內館裏的豐容都做得很好，而且照明也很棒。這樣的籠舍，雖然也不能完全解決冬季的難題，但他們的努力你看得到。

在莫斯科動物園裏逛一圈，你能感受到這是一個有年頭的動物園。園內有很多新式的場館，理念先進，就像亞洲象館那樣，但也有很多老式的場館，例如它們的獅山、豹舍，就和中國的許多動物園很像——中國動物園的建設，當年有很多是向蘇聯學的。就拿這個和我們底子很像的豹舍來說，人家把好幾個籠舍串連了起來，都給了豹子，內部想方設法地放豐容玩具、做綠化，顯示出來的精氣神就是不一樣。

如果俄羅斯人能把老式的動物園改進得這麼好，那麼，我們中國人也應該可以。

鳥館的溪流造景

他茅山動物園及野生動物救護中心

這座動物園能夠告訴我們一個道理：
即使不富有，我們人類也能夠給動物以尊重。

即使你對動物園很有興趣，他茅山這個名字恐怕你也沒有聽過。這座他茅山動物園及野生動物救護中心（Phnom Tamao Zoological Park and Wildlife Rescue Centre）位於柬埔寨首都金邊的遠郊。我去逛的時候，也不過是覺得來都來了，就去打個卡吧。

但這麼隨意的一逛，卻發現它可能是我在東南亞遇到的最用心的動物園之一。「救護中心」這幾個字的分量，在這座動物園中無比之重。「守護自然、保護動物」在這裏不是一句口號，而是每天的日常工作。

這座動物園能夠告訴我們一個道理：即使不富有，我們人類也能夠給動物以尊重。

他茅山動物園在金邊城西南三十多公里之外，車程需要一個小時，可包的士或突突車前往。園內可行車，但建議到門口步行，否則容易錯過動物。

從售票處行至地圖上標記了博物館的位置，就能看到鐵絲網攔住的一大片區域。其中生長着不少十幾厘米粗的半大不小的樹木。在這片年輕的林子裏，混養着一小羣赤麂和坡鹿，還生活着一大羣本土原生的食蟹獼猴。這些動物自由地生活在如此之大的區域中，赤麂怕羞的性格都得以保存，看到人靠近觀察，還會向遠處逃竄。

然而，麂子逃得開人的視線，卻躲不掉煩人的猴子。大概是實在躲不開，赤麂和猴子建立了親密的關係，竟然允許猴子偶爾坐在牠們身上。調皮的猴子不時地會拉拉麂子的尾巴、耳朵，有時還會坐在麂子身上跟着牠移動，簡直跟騎乘一樣。在日本的一些地區，猴子和鹿之間產生了很深厚的友誼，但我還是沒想到，赤麂這麼膽小、怕羞，居然也能和猴關係這麼好。

入口處的場館，給整個園的水平定下了一個基調。他茅山動物園的場館植被都很好，畢竟是在熱帶，樹長得快。但要

猴乘赤麂

熊的活動場

論飼養水平和豐容水平，還得看他們的
熊舍。

上圖是他茅山動物園最好的熊舍之一，
這裏有高大（但不可爬）的天然樹木，
有多層的人造爬架，有用心的豐容玩
具，有可供玩鬧降溫的水池，有信息豐
富的科普標牌。這樣的場館，視線比較
開闊，更偏向於向遊客展示熊的生活。

而在另一邊，還有一批更簡單的熊舍。
裏面有厚實、遮擋視線的植被，看起來
較簡陋但功能不差的爬架，缺少自然教
育的信息，這些造價較低的籠舍，是用
作救護的。

後一種籠舍中的亞洲黑熊，其實生活得
不差。

原來，他茅山動物園的底子，其實是野
生動物救護中心。1995 年初次開放時，
它是柬埔寨第一座官方的野生動物救護
中心。2000 年，這裏建了第一座亞洲
黑熊籠舍，開始針對性地救助生活在非
法貿易、盜獵陰影下的黑熊。隨後的近
二十年中，這裏救助的熊越來越多，救

助的種類也囊括了亞洲黑熊和馬來熊。
所以，才有這麼多的熊舍。

整個他茅山動物園，都建立在救護中
心的機制之上。至今，這個歸柬埔寨
政府所有、國際 NGO 野生生物聯盟
（Wildlife Alliance）輔助運營的動物園 /
救護中心飼養過 100 多種、1400 多隻
動物。所有的這些動物，都是被救護而
來，有的是非法貿易的獵物，有些是毀
林開發的受害者。

總體上而言，他茅山動物園的亞洲黑熊
和馬來熊飼養水平，不比四川成都的龍
橋黑熊救護中心低。但上面說的兩類熊
舍中的熊，生活狀態也不太一樣。救護

泡澡的黑熊

玩耍的黑熊

熊舍不是為展示所建，不太適合觀察，也無法阻擋投餵，裏面的熊看到有人靠近，都會走過來乞食。造價昂貴的展示熊舍裏的熊就不會這樣。不得不說，這是他茅山動物園的一個瑕疵。

不瞞大家說，我看過他茅山動物園的資料後，最感興趣的動物是穿山甲，但在動物園裏，我根本沒看到。為啥呢？野放了。是的，這可不是那種只進不出的救護中心。

但也有些動物無法回到野外了。比方說小公象楚克（Chhouk）。

2007 年，柬埔寨東部的蒙多基里省的森林裏出現了一頭獨自漫遊、渾身是傷、特別瘦弱的小象。這頭小象很幸運，牠遇到了世界自然基金會（World Wide Fund for Nature, WWF）的「巡護象騎兵」。無助的小象，跟着巡護人員胯下的大公象回到了人類的營地。

工作人員趕緊抓住了這頭小象，他們發現，這個小傢伙身體狀況特別差，左前腿還受了重傷——大概是獸夾所致。

工作人員判斷，小楚克在自然環境中肯定無法存活，於是將牠轉運到了他茅山動物園。小楚克最麻煩的傷口，還是左前腿。為了解決這個問題，獸醫們給楚克開了鎮靜劑和抗生素，為牠清除爛肉和碎骨；飼養員們徹夜守在牠身邊，用食物和陪伴撫慰牠。動物園裏的一個官員，甚至買了一串香蕉和兩隻雞作為獻祭，祈禱楚克能夠康復。

這一切都生效了。楚克慢慢地恢復了健康，但牠的左前腿，還是永遠地短了一截，成了一頭跛象，無法自由地奔跑。2009 年，在國際同仁的幫助下，園方給楚克的腳做了詳細的檢查，然後給牠定製了一個昂貴的義肢。

楚克再次奔跑了起來。我去的時候，看到牠在運動場上興奮地跑跑跳跳，揚起一片沙塵。

坦率來講，如果僅從自然教育和動物展示的角度看，金邊他茅山動物園不是一個十分優秀的動物園。這裏展區水平參差不齊，既有十分優秀的熊舍，也有比較一般的靈長類展區。

左前腿受傷的小象楚克

戴帽長臂猿

銀葉猴

除了野生的食蟹獼猴，這裏還飼養着戴帽長臂猿、銀葉猴這樣罕見的靈長動物。但這裏的靈長動物展區，是典型的東南亞發展中國家猴舍水平，鐵絲籠子還好不太小，裏面還有一些爬架做豐容。

自然教育的部分更是比較欠缺，除了熊和象的領地，連科普展牌都比較少見。

為啥會這樣呢？簡單説：缺錢。

柬埔寨是個發展中國家，在野生動物保護和救助上投入不了多少錢。在動物保護的領域，國際 NGO 也沒那麼有錢。大概正是因為缺錢，他茅山動物園更多保障的是救護的任務，那些沒那麼「重要」的動物，所受的關注就不是很多。而自然教育內容的缺失，讓我進去逛得有點一頭霧水。

如果你想幫助這個動物園，可以上他們的官網看看。園方和野生生物聯盟接受捐款。

除了捐款之外，你還有個選擇。假如你要去金邊旅遊，可以騰出一天來，參加金邊他茅山動物園官方組織的體驗活動。

微博上名為「唐招提寺的梅花鹿」的網友參加過這個活動。活動中，他跟着飼養員進了動物園的後台，近距離觀看了飼養員給楚克修腳、做檢查，然後穿上義肢的過程。跟着飼養員，這位朋友還看到了一些前台看不到的動物。比方説全世界動物園罕有的毛鼻水獺、從泰國虎廟繳獲的老虎。這裏的動物都是救助而來，每一隻都有自己的故事。

這趟行程不便宜，單人 150 美元，包括金邊的往返交通和午餐。但在國際旅遊點評網站 TripAdvisor 上，有許多對這個活動的好評，大家可以去看看。

無論是對遊客還是對動物園來説，這樣的活動，大概比單純的捐款更有價值。

泗水動物園

這座動物園有相當好的部分，但也有些地方差得離譜。

水鳥區的籠舍

如果你去搜索「世界最差動物園是哪一個」，谷歌（Google）會告訴你兩個答案：巴勒斯坦的加沙動物園和印度尼西亞（簡稱「印尼」）的泗水動物園。加沙動物園的差情況比較特殊，那裏戰火紛飛，動物園運營停頓，許多動物餓死後被曬成了乾屍。

排第二的印尼泗水動物園是印尼最老牌的動物園之一，建園於 1918 年。它能有這麼個壞名聲，很大程度上是因為那

兒出過一次「獅子上吊」的爆炸性事件。是的，獅子上吊，獅子上吊，獅子上吊……

爆出這件事情之後，各家媒體又挖出了泗水動物園的各種問題，包括動物死亡率高啊，動物活得很慘等，於是泗水動物園又有了一個「死亡動物園」的稱號。

圍繞着泗水動物園，還有一些非常黑色幽默的信息。比方説，谷歌搜索標註

的泗水動物園的標誌性動物是長頸鹿Kliwon。標誌性動物怎麼説也應該是一個動物園的驕傲吧。然而，如果你搜索長頸鹿Kliwon，會發現牠也死了，死於吃了太多遊客投餵的塑膠袋……

因為它那裏發生的事件太離奇了，所以不少假新聞網站也拿泗水動物園來開玩笑。比方説，知名的假新聞網站世界新聞網（http://worldnewsdailyreport.com）就造謠説，泗水動物園查獲一宗飼養員性侵紅毛猩猩的案件。剛看到這個「新聞」時我沒注意來源，差點就信了。

如今，加沙動物園已經關閉。想要領略「全世界最差」的水平，就只能前往印尼爪哇島上的泗水市。多年來，包括善待動物組織（People for the Ethical Treatment of Animals, PETA）在內的許多 NGO 組織在呼籲關閉這家動物園。後來，印尼政府接管了泗水動物園，開始了整頓和改進。

2017 年 5 月底，我去了一趟泗水動物園。逛完之後，我見識到了知恥而後勇的力量。

有些動物園的差是平庸之惡，你也挑不出來特別差的細節，但幾乎所有的場館、籠舍都不怎麼樣，合起來就是讓你覺得差。但泗水動物園就不是這樣。這座動物園有相當好的部分，但也有些地方差得離譜。好的部分我們之後講，先來看這部分特別差的。

你見過大型養雞場的雞籠嗎？至少肯定看過圖。

那麼，你能想像，一個動物園能把大型水鳥養成這個樣子麼？泗水動物園就做到了。看看這個籠舍，幾十平方米的面積，裏面養了上百隻大型水鳥，鵜鶘、鷺、鸛鸛，應有盡有。在一般的動物園裏面，這些水鳥會散養在水禽湖中。泗水動物園有一座小小的水禽湖，但湖裏鳥很少，這些水鳥全都關在幾座擁擠的籠子裏。

這個籠舍位於動物園東邊的水鳥區，整個區域內的鳥類基本都是用不夠大的老舊籠子圈養的，籠內沒有甚麼豐容，設施也很差。裏面關的動物行為都不太正常，比方説這裏有一隻刻板行為特別嚴重的小禿鸛，不停地嗑自己的上下喙，實在是無事可做啊。

漁鴞的小籠子

巴厘島長冠八哥

在它們的南邊是巴厘島長冠八哥的籠舍。那裏有一排五六間小房子都用來飼養這種鳥，有的是鐵絲網編的大型鳥籠，有的是有玻璃門窗的室內繁殖室，裏面的植被都很好，羣居性的長冠八哥在裏面行為也非常正常。泗水動物園參與了一個巴厘島長冠八哥復興計劃，能穩定地向巴厘島的保護區裏輸送人工繁殖個體。想養好鳥，泗水動物園並非做不到。

兩相對比，大型水鳥展區就更讓人覺得差了。

在微博上，我們老是看到遊客吐槽哪兒的動物園又虐待動物啦，搞得老虎瘦得跟猴似的。在各種吐槽泗水動物園的報道裏，也總是提到有些動物瘦得不成樣。我去的時候，倒並沒有看出園中的老虎有多瘦。但是，我在動物園裏看到了很多大胖子。最誇張的例子是紅毛猩猩。

哈？這是一個球吧？

不光是紅毛猩猩，園內的科莫多龍、熊狸等動物也胖得厲害。看看下面這頭科莫多龍，往地上一趴就是一攤。

沒有病的動物養得太胖，一方面是飲食控制得不好，另一方面是豐容不好，場館單調、地方太小導致動物運動量太少。還是以那兩隻紅毛猩猩為例，他們的運動場就很小，裏面可以玩的設施也不多，還沒有高樹可以爬，如果還不控制飲食的量，不胖才怪了。

説到科莫多龍，泗水動物園的科莫多龍可是一大特色。截至 2015 年，該園擁有 70 多條科莫多龍，其中有相當一部分是他們自己繁殖出來的——為了防止「龍口」過剩，他們甚至在別處單獨建了一個科莫多龍公園來消化這部分個體。

肥胖的紅毛猩猩

肥胖的科莫多龍

園內的科莫多龍區很大，是一片露天的帶圍牆的圓形區域，裏面被分隔為若干個小籠舍，同一個籠舍內的個體大小都差不多。當我們圍着這個區域轉的時候，看到有一個區域內有位飼養員正在打掃，想必那個區域內的科莫多龍肯定關起來了，就看不到了吧。

走近一看，咦，科莫多龍根本沒有關着好嘛，飼養員身邊有好幾條好嘛……嚇得我相機都沒端穩……

看到我們一臉震驚地看着他，飼養員問：「你們想摸一摸科莫多龍嗎？」說完就俯身摸了摸身邊那條科莫多龍。

坦率來講，餵飽了、養熟了的科莫多龍並不是特別危險，攻擊性不太強。也的確有人飼養科莫多龍當寵物，那些人也會零距離無遮蔽地接觸科莫多龍。但當寵物養一兩條是一回事，動物園裏養一大羣又是另一回事。

無論是中國動物園的規章制度，還是發達國家動物園的規矩，飼養員清掃猛獸籠舍前必須先把動物引開，關到安全的地方，有些特別危險的動物還必須保證飼養員和動物之間有兩道安全門。像這樣清掃科莫多龍的展區肯定有問題。

泗水動物園飼養員的隨意並不只針對科莫多龍，我們在園裏看到他們在清掃狒狒的籠舍時也是這樣的，直接走到裏面去，動物就在身邊。對於人類來說，狒狒也是一種危險的動物。

這樣的細節告訴我們，這個動物園的規章制度貫徹得不夠徹底，或者規章制度本身就不合理。

如果排除掉差到莫名其妙的水鳥區，泗水動物園的場館平均水平和中國省級城市動物園的平均水平差不多，談不上好，每個場館都能挑出一些毛病，但又談不上差。如果考慮到這裏氣候濕潤炎熱，植被茂盛長得快，那泗水動物園的場館比中國北方省級城市動物園的平均水平還好一點。

泗水動物園的靈長類場館，是整個動物園裏水平最高的，也可能是最新的一批。我們去的時候，正好遇到他們在翻新猴展區和大猿展區。

這裏的猴展區，都是用類似護城河的水域圍成一塊塊的室外活動場，活動場大

枝頭嘯鳴的合趾猿

小不一，小的也有上百平方米。這裏飼養着蘇拉威西黑冠猴、日本獼猴、南方豚尾猴、幾種狒狒、紅毛猩猩等靈長類，每一個展區都針對不同動物的習性有不同的豐容策略和視覺設計。這一片肯定是剛修的，我們去的時候還沒修完。這些新展區的效果暫且不談，它們有好有壞，但園方很明顯用了心。

而長臂猿的展區更好了。這裏採用了東南亞動物園裏常見的長臂猿島設計，島周圍有水，這樣就不用設欄杆，動物也不容易受到遊客干擾，飼養員想要投食則需要划船過去。島上的樹很高，樹冠非常茂盛，每個島上都是一個家庭。在這樣的狀態下，長臂猿很自然地展現出了自然行為——鳴唱鬥歌。

長鼻猴幼崽

泗水動物園的長鼻猴展區也是類似的設計，但場地更大，綠化、豐容更好，並且在其中混養了鹿和鶴鴕——二者生存環境和長鼻猴類似，這樣立體分層的展示，讓整個展區更加生動了。長鼻猴是分佈在加里曼丹島（婆羅洲）的瀕危（EN）物種，牠們在印尼、馬來西亞的地位，和金絲猴在我們國家的地位類

躲在樹叢間窺探的鹿

似，擁有整個動物園裏最棒的展區也是自然而然的事情。

說到鹿，泗水動物園內展示的本土有蹄類陣容堪稱華麗。

這裏的鹿，就至少（不排除有我沒注意到的）有鬣鹿、赤麂、水鹿、花鹿、巴島花鹿這五個種。其中，鬣鹿是一種僅分佈在巽他羣島上的鹿，因為島嶼分隔，亞種很多，泗水動物園至少養了爪哇鬣鹿和帝汶鬣鹿兩個亞種；巴島花鹿的巴島不是巴厘島，而是泗水北方的巴韋安島，這種鹿野生個體只剩不到 500 頭，是一種極危（CR）物種。泗水動物園的巴島花鹿養殖得不錯，近幾年有其繁殖的相關報道。

爪哇野牛

低地倭水牛

除了鹿，這裏還有巨大的爪哇野牛和矮小的低地倭水牛，這兩個物種都是瀕危（EN）物種。爪哇野牛肩高可達 1.6 米，體重能突破 800 公斤，和印度的親戚白肢野牛一樣，一身牛皮似乎包不住飽滿的腱子肉，肌肉線條特別好看。

低地倭水牛肩高只有 0.9 米，體重不過 300 公斤，是全世界最小的水牛，牠們生活在森林裏，跑起來會抬頭把角貼在脖子上，防止掛住。

在低地倭水牛的旁邊，是一種和牠差不多大的野豬：爪哇疣豬。這個種毛髮很長，臉型、身體特別像非洲的疣豬，但關係其實和家豬更近。這也是一個瀕危（EN）種。

對於這樣的一個動物園來説，如此本土有蹄類的陣容，實在是異常華麗。這些動物的籠舍也並不算差，加上他們對長

鼻猴、科莫多龍、長臂猿的重視，泗水動物園對本土物種可以説是非常關注了。

但當我在爪哇疣豬周圍晃蕩的時候，根本沒有意識到這是本土原產的瀕危特有種。在看低地倭水牛、各種鹿的時候，也花了點時間才覺察牠們的特別之處。因為這裏的科普標識牌實在是太差了。

很多本土動物相當稀有，牠們的存在會吸引動物園愛好者的目光。但這些物種對一般遊客來説，並不一定比獅子、斑馬更有魅力。這就需要園方設計一些獨特的展示，或是更加引人注目的標識牌，來吸引一般遊客的目光，來強化這方面的自然教育。

整體看下來，我覺得現在的泗水動物園稱不上「全世界最差動物園」。這裏的確有很差的地方，但也有不少亮點。更關鍵的是，在被稱為「全世界最差動物園」之後，園方痛定思痛，做出了很多改進。一座不會進步的動物園，是沒有希望的。這種進步，可以是改進籠舍這種硬件上的進步，也可以是軟件提升帶來的動物福利上的進步，錢多有錢多的辦法，錢少有錢少的辦法，如果不想辦法，那就真沒辦法了。

與泗水動物園相比，某些死水一潭般的動物園倒更讓人絕望。

如何參觀動物園

你為甚麼會去動物園？玩，一定是最重要的原因。在快節奏的當代生活中，動物園像一個避難所，能讓我們暫時忘記日常的各種煩惱，放鬆身心。娛樂也的確是現代動物園的重要功能，儘管我們逛動物園也是為了了解自然，尤其是帶孩子逛的時候。但動物園不是一個拿着書本往人嘴裏塞的地方，就算是教，也得寓教於樂，在動物園裏感受到了樂趣，才會更容易從中學到知識，愛上自然。

但娛樂也有不一樣的層次。很多人逛動物園，也只是把這裏當成有動物的公園或者是遊樂場，這樣的娛樂當然沒有問題。但其實，在動物園裏有另外一種娛樂的方法，這種方法和動物的相關性更強，這就是我們動物園愛好者逛動物園的方法。

在這一章，我會以北京動物園為例，教大家如何像我們一樣逛動物園，如何從走馬觀花，到認識物種，再到觀察自然。

見識不一樣的動物

逛動物園的第一重樂趣，是能在這個地方遇見全世界的神奇生靈。

如果你喜歡動物園，那麼，一座動物園你可以去很多次。

在前往一個你從沒去過的動物園之前，需要做一些功課，看一看各個動物園有甚麼重點。這時候，我們就需要看動物園的地圖了。如今，你很容易就能在網上搜到各個動物園的地圖。各個動物園也基本都會在地圖上畫重點：那些特別值得一看的動物，或者非常有特色的展區，一般都會在地圖上標示出來，看完地圖，大致上有甚麼動物就知道了。

在國內，動物園常會按動物來源的大洲分區。來自非洲的動物中，最常見的是獅子、長頸鹿、斑馬和河馬，這四種動物常被愛好者稱為「非洲四大件」[1]，然後再加上一些羚羊、鴕鳥，以及哪座動物園都有的環尾狐猴，就會構成一座動物園的非洲區。國內來自美洲的動物不太多，最常見的是美洲豹和松鼠猴，但近兩年，二趾樹懶也慢慢多了起來。來自大洋洲的動物中，最常見的是鴯鶓，其次是赤大袋鼠和赤頸袋鼠，在很多動物園裏，你會看到白

北京動物園的小河馬和牠媽媽

色的袋鼠，那絕大多數時候都是赤頸袋鼠的白化個體。而來自亞洲的動物中，最常見的就是獼猴、東北虎和亞洲黑熊，哪座動物園沒有猴山、獅虎山和熊山？那麼歐洲呢？歐洲的大型動物太少，最常出現在中國的是歐洲盤羊，一種角很大、身子赤褐色、腰上有一塊大白斑的野羊。

為啥這些動物都這麼多？答案是：這些動物在人工環境下繁殖得很好。現代動物園對野生動物資源的依賴，已經越來越小了，因為大部分常見的動物園圈養的動物，都已經實現了人工繁殖，整個動物園圈子所維持的人工種羣，已經能夠實現大家的互通有無。前文裏提到的世界動物園和水族館協會（WAZA）就在推動會員們用互換來替代野捕和買賣。

---

[1] 非洲四大件還有另一種說法，是指非洲象、白犀牛、長頸鹿和河馬，其中非洲象在中國動物園不算常見。

另外，如今從野外捕獲動物的代價越來越高了，一方面是法律法規的完善提高了野捕的門檻，另一方面是野捕的道德成本越來越高。動物園畢竟是一個帶有保護目的的機構，如果它反過來要破壞野生動物資源，實在是一件非常弔詭的事情。所以，我們也要呼籲動物園儘量不要從野外捕捉野生動物。

除了這些常規的物種之外，各大動物園都會有一些自己的特色。就拿北京動物園來說，它是事實上的中國國家動物園。任何一個國家動物園都肩負着「向世界介紹本國，向國民介紹世界」的任務。北京動物園就曾下過大力氣，收集過全中國的各種野生動物。這些動物就像是遊戲中的珍貴卡牌，散落在動物園的各處。

北京動物園有好幾個入口，如果你從西北門進，首先會來到鹿苑。這個展區非常「傳統」，又位於離正門特別遠的犄角旮旯裏，經常會被遊客忽視。但這個鹿區堪稱是中國有蹄類大薈萃。

首先要說的是斑羚。絕大部分朋友肯定沒見過斑羚，但肯定聽過這個名字，《斑羚飛渡》嘛。斑羚有可能集羣，但是絕對不

紅斑羚

可能出現小說當中那樣老幫幼飛渡懸崖的利他行為。那個故事就是編的。

全世界的斑羚一共有四種，中國全都有。北京動物園（以下簡稱「北動」）目前展示有兩種：中華斑羚和紅斑羚。

無論哪種斑羚，都擅長在山間、峭壁上行動。你們看，左圖就是中華斑羚，如果你去牠的籠舍邊蹲守一段時間，就有可能會看到牠在籠舍邊的水泥台上跳上跳下。你會發現，這個五短身材、看起來憨厚到呆萌的小傢伙，其實非常矯健！這是牠們的天性。如果這兒有個石頭牆，牠們肯定可以爬上去。

坊間流傳，北動的這隻紅斑羚是個混血兒，是紅斑羚和中華斑羚的雜交。不注重

中華斑羚

血統，是中國動物園的一大積病。不同亞種乃至物種在人為環境下一雜交，生下來的個體沒有自然教育和物種保護的意義，這就違背了動物園的天職。不過，這不是那隻動物的錯。這隻紅斑羚還是萌萌的。

在野外，各種斑羚的生存現狀都有變差的大趨勢，但目前數量應該並不算太少，分佈也比較廣，像北京郊區的房山區就有中華斑羚。但是，這種動物在野外極難見到，能遇到那簡直就是運氣好上天了。為啥呢？牠們愛在懸崖峭壁上活動，性格害羞怕人又低調，還有一身保護色。在野外，就算和牠們相遇，常常也是你還沒看到牠們，牠們就溜走了。

但是北動的這兩頭斑羚，性格就沒那麼害羞了，中華斑羚還好一點，紅斑羚看到人來會湊過去看——即使現在遊客已經沒法投餵了——簡直跟個小狗狗一樣。這是為啥呢？一方面，以前頻繁的投餵對牠還是有影響；另一方面，被人養大的，大概就對人有了好感吧。

飼養紅斑羚的動物園極少，全世界也就北京動物園展，在上海動物園的繁殖場裏還有一個比較繁盛的紅斑羚種羣，這是一個希望。飼養中華斑羚的動物園也特別少，看起來難以為繼。如果沒有系統科學的遷地保護計劃，我們也不應該去山裏抓。所以，在這些僅剩的斑羚故去之後，就很難再看到了。趁牠們還在，不妨多去看看。

中華斑羚種羣難以維持，那有沒有甚麼動物能夠替代牠們，展示類似的行為呢？也有，羊啊！

北動的鹿苑中有三種比較少見的羊：亞洲

亞洲盤羊

盤羊、北山羊和岩羊。展岩羊的動物園不算少，就說前兩種吧。

亞洲盤羊，是一種中國原產的野生羊，是綿羊的同屬親戚。這個物種有粗壯的盤曲的大角，看起來特別威武。

在中國的動物園裏，盤羊不少，但基本都是外來的歐洲盤羊，我們自己的亞洲盤羊幾乎消失不見了。我所知道的飼養亞洲盤羊的動物園，就只剩北京動物園、齊齊哈爾動物園和銀川動物園了。其實，盤羊的繁殖沒那麼難，還不怎麼怕人，牠們的角和身材都比歐洲盤羊要大，看起來更加威武。如果能把現有的種羣發揚光大，避免藍孔雀替代綠孔雀的惡劣先例再次發生，那是個很好的事情。

北山羊就是一種山羊了。在中文裏，綿羊、山羊不細分，其實牠們都不是一類動物，在分類上，綿羊和山羊的關係，就相當於人和黑猩猩。

在我眼裏，北山羊是中國最好看的羊，此處不接受反駁。你看那對大角，如彎月一般，延伸到腦袋的後方，展現出性選擇的威力。北山羊好鬥，一到冬季的繁殖季

節，就會用這一對大角頂來頂去。北動有好幾頭公北山羊，分在了好幾個籠子養，但隔着籠子他們也會互頂。

北山羊

在中國，北山羊主要分佈在西北地區，尤其在新疆。天山上的雪豹，主食就是北山羊。在新疆做雪豹監測、保護的荒野新疆團隊曾經跟我說過一個好玩的事兒，他們有個模糊的感覺，覺得雪豹更偏好抓大角的公羊。為啥呢？角太重跑不快……

鹿苑的幾種羊中，北山羊的地盤最大，環境最好，籠舍裏有一座大假山。這個地方也值得蹲守一陣，去看看山羊是怎麼爬山的。

說完羊，再來聊聊鹿。北動的鹿啊，那可真是種類繁多。大的有馬鹿、麋鹿、白脣

北山羊幼崽爬山

鹿，小的有狍子、小麂和黑麂，珍稀的有中國野外滅絕的豚鹿，真的是天南地北，應有盡有。

就說豚鹿吧，你說好好一個鹿，牠怎麼就和豬扯上關係了呢？這種鹿的口鼻部比較短，因為生活在熱帶的密林中角容易被掛住，因此走路的時候愛低着頭走，這樣看起來就很像豬，於是就有了豚鹿的名字。大家去北京動物園的時候，不妨好好觀察一下牠們是怎樣走路的。

低頭走路的豚鹿

怎麼樣，鹿苑有這麼多看點，下次去北動還會錯過麼？

說完有蹄類，再說說猴兒。最近幾年，不算環尾狐猴、松鼠猴，北京動物園的靈長類中有兩個中國本土類羣很繁盛：長臂猿和金絲猴。中國很多動物園都有長臂猿，且多為白頰長臂猿、黃頰長臂猿或白眉長臂猿，北動的長臂猿倒也不出此類。我們在這裏重點講一講金絲猴。

全世界一共有五種金絲猴。越南金絲猴中國沒有，怒江金絲猴 2010 年才發現，研究比較少，剩下的川金絲猴、滇金絲猴和黔金絲猴北京動物園都有，而且都在繁殖，這是個很了不起的事情。

尤其是黔金絲猴，只分佈在貴州梵淨山，只有 700 隻左右，全世界的動物園中只有北京動物園有飼養，連貴州的動物園都沒有。如果有合作，北京動物園的黔金絲猴飼養經驗和數據，肯定可以給這個物種的保護帶來幫助。

如何區分三種金絲猴？很容易。川金絲猴滿身金毛，有個藍臉；滇金絲猴毛髮主要是灰色的，有莫西干髮型，嘴脣是粉的；黔金絲猴有點兒介於二者之間，額頭和兩肩膀上的毛是金色的，身體黑褐色，臉也會發藍，但又有粉嘴脣。

再説説鳥吧。北京動物園的雉雞苑、水鳥區、鸚鵡館裏面有不少好看的鳥類，這些鳥類擺一起展示，大家也不容易錯過。尤其是雉雞苑，養的都是北動壓箱底的寶

貝，飼養的各種馬雞、鷴、角雉都是在國內外動物園中不那麼常見的動物。

雉雞之美，得來中國看。中國有現生雉科三分之一的種類，尤其是西南地區，是一個多樣性熱點中心。

而要在中國的動物園裏觀察神奇的雉雞，北京動物園是最好的選擇之一。1983 年，這裏建成了全國少有的雉雞苑。自那時起，這些五彩斑斕的雞們就生活在動物園大門附近的顯要位置，後來又和熊貓做了鄰居。

如果選一種雉雞代表中國，那必然是紅腹錦雞。這種雞是中國的特有物種，牠們的雄性有一身紅色的主色調，脖子後面有一片虎斑，腦袋上長長的金毛看起來頗像美

黔金絲猴

國總統特朗普的髮型，而牠們的雌性外表是褐色的，顏色黯淡很多。無論雌雄，紅腹錦雞都擁有長長的尾羽，奔跑的時候，這些尾羽挺得筆直，加上身材偏瘦、動作輕盈，牠們跑步的動作像是《侏羅紀公園》裏的迅猛龍一樣——如果你見過一羣紅腹錦雞向你飛奔過來搶食物，肯定會有這樣的感覺。

2001 年中國申辦奧運會成功。之後曾出現過一次關於國鳥國獸的大討論。國獸沒甚麼可以討論的，肯定是熊貓。但對國鳥產生了激烈的爭論。當時，紅腹錦雞和丹頂鶴都是最熱門的候選，但最後討論了半天，結果啥也沒選出來。爭論太厲害了。我記得當時有這樣的討論：丹頂鶴和朱鷸不行，是學名裏帶「日本」；紅腹錦雞不行，是雞的寓意不太好；猛禽不行，是咱們不欺負別人；小鳥不行，是咱們不能被人欺負……總之，就是沒法選。後來爭得太厲害，大家都看煩了。大約是在 2008 年的時候，天涯網友搞了個選國鳥的投票，結果最後麻雀竟以 35.8% 的支持率榮居榜首。也挺好的。

錦雞一共有兩種：紅腹錦雞和白腹錦雞。白腹錦雞的配色完全不一樣，大體上是冷色調。但仔細看，除了尾巴都很長之外，兩種錦雞還有一些相似的特徵：雄性的腦袋上有一撮特別豔的朝後長的長毛羽冠，後頸、頸側直至肩部，乃至上背有一片呈覆瓦狀排列的羽毛，形成了一件甲葉披肩。北京動物園有一隻白腹錦雞的雄性個體的披肩長得特別大，從側面看幾乎擋住了嘴巴，異常地好看。

大概正是因為太好看，這些錦雞尤其是紅腹錦雞成為了中國動物園中最常見的雞

紅腹錦雞

白腹錦雞

（至少是之一）。從自然分佈上來講，中國最常見的雉雞是環頸雉，但環頸雉反而在動物園裏少見一些。但少見歸少見，環頸雉有另外一層樂趣：這種鳥的亞種特別多，加上相當數量的人工品種，外形差別很大。如果你像我這樣全國跑，會發現國內動物園裏的環頸雉幾乎是一個地區一個樣，非常神奇。

如果你不只想看好看的，還想看稀有的，那麼北京動物園的雉雞苑更是能夠滿足你。暗腹雪雞就是動物園裏極稀有的種類。這個物種生活在中國西藏、西北地區到中亞的高山當中，牠們的身體比紅腹錦雞的身體粗壯很多。渾身是低調的灰褐色，粗看很像大號的石雞。牠們的雌雄不像紅腹錦雞那樣差異那麼大，但也能一眼看出不同。除了個頭更大之外，雄性暗腹雪雞的眼睛後面有一條檸檬黃的裸皮，這彷彿是點睛之筆，讓整隻雞都鮮活了起來；雌性也有這樣的特徵，但是遠沒有雄性那麼顯眼，黃色裸皮要窄得多。

暗腹雪雞

暗腹雪雞的生活環境

目前，北京動物園有兩處場館飼養有暗腹雪雞：一處是火烈鳥附近的新雉雞苑，一處是熊貓館。就是因為養得到處都是，微博上有位朋友以為牠不是甚麼稀奇的動物。其實，全中國的動物園裏好像就只有北京動物園養着暗腹雪雞，出了北京就得去野外看。稀少不稀少，千萬別拿北京動物園當標準。

動物稀有，如果養得不好，那就失去了展示的意義。北京動物園新修的這個新雉雞苑，環境要比之前的老雉雞苑好不少。這個新展區，觀察面是用密集的細網做成的，儘管對我們這些攝影師來說不太友好，細軟網卻對鳥類有這樣幾個好處：一是透風，不憋氣；二是鳥類對玻璃沒有概念，容易撞，細網就沒有這個問題；三是網眼小，擋得住老鼠和黃鼠狼，也攔得住投餵。

如果只論籠舍的大小，新老雉雞苑差別不大，但新雉雞苑的環境普遍要豐富得多，爬架、水池、植物都是基本配置。最有意思的是籠舍之間的隔斷，被做成了鋸齒形，這樣一凹一凸的牆面，搭配上沿着邊種的植物，可以給怕羞的雉雞們一些遮蔽的地方，這樣牠們反而更願意跑到外舍中來，而遊客呢，只要換一換角度，就能看到牠們。

新雉雞苑外舍的上方是透光的，基本沒有遮擋。這在冬天特別好，有點陽光就能燦爛。但在夏天可能就不太好了，陽光太大，會熱呀。如果能有可伸縮的遮擋，或是夏天往頂棚上種點絲瓜甚麼的，那就更好了。

除了暗腹雪雞之外，北京動物園還擁有藍鷳。這是一種台灣地區特有鳥類，在大陸，只有北京、上海等少數幾個城市的動物園有養。就在大陸爭論國鳥的時候，台灣地區選過一次代表鳥類，藍鷳是入選的四種鳥類之一，但最終和帝雉、黃山雀一起，敗給了台灣藍鵲。

藍鷳是白鷳的親戚。鷳這類雞，雄性的臉上都有或紅或藍的大塊裸皮。這個結構有時候長得還很大，看起來就像是古代武士的戰盔覆面。藍鷳的「戰盔」是紅色的，非常威武。

藍鷳

沒有陽光的時候，藍鷳的身體是發黑的深藍色。一旦有了陽光，金屬光澤就出來了，熠熠生輝，簡直就是五彩斑斕的黑，非常炫酷。如果你有興趣，不妨帶個小望遠鏡好好去看看牠們的羽毛。

北京動物園還有一類非常好看的雞，是馬雞。全世界一共有四種馬雞：白馬雞、褐馬雞、藍馬雞、藏馬雞。牠們主要分佈在中國，北京動物園竟然全都有。馬雞可能起源於黃河以南的區域，因為氣候的變化，逐漸變成了適應寒冷的高原物種。

如果世界是黑白的，那麼四種馬雞看起來

北動的馬雞有點害羞沒拍到，拿石家莊動物園的褐馬雞湊個數

大鴇

外形的差異就不是很大。北京動物園集全了馬雞，有機會可以逐個比一比外貌上的差異。

北京動物園新舊雉雞苑的雞們加起來，不止這些種。但如果查閱一下歷史紀錄，會發現他們曾經養過更多的雉雞，例如，北動曾經有純種的綠孔雀（現在的那隻是個混血兒），有大眼斑雉（也被稱為青鸞）、棕尾火背鷳、虹雉、黑鷳等鳥類，這些物種現在都沒有了。從場館上看，可能會取代雉雞苑的新雉雞苑規模上也要小得多，這確實可惜。但我覺得，只要養得精、養得好，能夠展示更多的自然行為，比單純養得多要更有價值。

除了雉雞苑，別的地方還有好看的鳥。在熊貓館裏有大鴇的展區，大鴇是全世界最重的飛鳥之一。如果你最近去看，會看到熊貓館裏的那隻大鴇長出了長長的「鬍子」。這是隻雄性，那「鬍子」是牠的繁殖羽。

在中文裏，我們常會稱開妓院的人為「老鴇」，這是怎麼扯上關係的？曾有專家認為，中國古人不認識大鴇的雄性，認為這種鳥只有雌性，要延續後代，需要和別的鳥交配，因此「性喜淫」，於是人們創造了「老鴇」這個詞。但有一位飼養過大鴇的飼養員考證了這個問題：宋元俗字中，常會把「娘」這個字簡寫為「奻」，漸漸地越用越省，僅剩一個「卜」字，最終又影響了口語，稱中老年婦女為「卜兒」——這個稱呼在元雜劇中特別常見。然後，「卜兒」又慢慢變成了「鴇兒」，這才和老鴇產生了關係。而那些「性喜淫」的大鴇傳說，很可能是有了「老鴇」這個稱呼之後，為了解釋這個詞的合理性而編出來的。

北動的美洲動物區，有一種和鴕鳥長得特別像的鳥，那是美洲鴕。國內是個動物園就會有非洲的鴕鳥，但飼養美洲鴕的屈指可數。為啥？美洲鴕長得太像鴕鳥了，個頭還小一截，遊客看不出好來。其實，仔細看看美洲鴕，牠們還是很好看的，有一種鴕鳥沒有的秀氣。

除了北動，上海動物園、長隆野生動物世界也有美洲鴕，其餘也沒有幾家在養。北

美洲鴕

動的這幾隻美洲鴕年紀也不小了，牠們走了之後，大概只能在那兩家動物園看到這種大鳥了。

除了這些難得一見的物種，各家動物園裏都會有一些滿身故事的動物。在北動，就有一隻叫「古古」的熊貓，是一個傳奇。

古古

古古，人稱「古大爺」，出生於 1999 年，以戰鬥力彪悍、善於襲擊入侵者著稱。

以前北動熊貓館的參觀護欄沒有現在這麼高，出過幾次人往熊貓運動場裏跳的事情。你們說巧不巧，這些往裏翻的人，幾乎每一次遇到的都是古古：2006 年 9 月 19 日，一名男子跳入運動場想與古古握手，被古古咬傷右小腿；2007 年 10 月 22 日，一個拾荒少年翻越護欄進入運動場欲與古古親近，被古古咬傷雙腿；2009 年 1 月 7 日，一名男子跳入運動場撿玩具，被古古咬傷；2012 年 5 月 18 日，一名男子跳入運動場想近距離拍攝熊貓，被古古咬傷。最逗的是 2009 年那次，據說，該男子聽到熊貓跑來，嚇得準備跑，結果上面的人喊了句：「熊貓不咬人。」他就不跑了！

必須得說，「古大爺」日常平易近人，性格特別好，是北動行為訓練做得最好的熊貓（好像沒有之一）。牠靠譜到甚麼程度呢？前兩年特朗普他媳婦兒來北京，北動就派出了古古接待，完美完成任務。但熊貓畢竟是熊，一遇到入侵者，就變成了保安隊長。而且還都沒下死嘴，只傷人，沒殺人。

這些稀罕的動物，是北動作為國家動物園的底蘊，也是上一個時代留下來的遺產。曾幾何時，我們的動物園更像是一個收藏癖，甭管養得好不好，種類多就算好。時至今日，一個動物園裏的動物種類多不多，依舊會影響我們對它的觀感。但是，另一個因素對觀感的影響變得越來越重要。

那就是自然行為。

自然行為觀察

第一次去一座動物園，可以走馬觀花式地把它大致逛個一遍。逛完之後，這裏有甚麼你就有底了。之後，你可以去仔細觀察觀察你喜歡的動物。觀察甚麼呢？自然行為。觀察這個，那就需要多去動物園了。

所謂自然行為，是野生動物在自然環境中，天然會展示出來的諸多行為。牠們會進食，會打鬧，會運動，會戀愛。觀察這樣的行為，遠比了解動物長甚麼樣要有意思得多。觀察牠們的自然行為，會讓你更加了解這些動物。

北京動物園的犀牛河馬館中，生活着兩種犀牛：一種是白犀牛，這是中國絕大多數動物園中飼養的犀牛，相對來說比較常見；另一種是印度犀，或者叫大獨角犀，牠們的鼻子上只有一根角，這和有兩根角的白犀牛不太一樣。

北京動物園的印度犀

尼泊爾奇特旺國家公園裏的印度犀，牠在水塘中吃草時，我們躲在樹叢中看牠

印度特里凡得琅動物園中的印度犀展區

除了角之外，印度犀還有一個特別明顯的特點，就是牠們的一身「甲冑」。印度犀的皮非常厚，身體各個部分的厚皮像板甲一樣貼合在身上，在肩膀後、大腿前各有一條褶皺分區。這些厚皮上，有很多圓疙瘩。這些突起是幹啥的？有一種理論認為，相比白犀牛，印度犀在種內爭鬥時更喜歡用牙咬，而不僅僅是用角來頂。印度犀咬得特別狠，為了防禦進攻，牠們演化出了重甲上的突起。

如果能觀察到印度犀的撕咬，你就能理解這些圓疙瘩的作用了。這樣的行為在野外有可能看到，但在動物園裏是應當避免的。不過，有另一種行為能夠看到。

我曾去過尼泊爾的奇特旺國家公園。這個公園以印度犀的保護聞名於世。有一天，導遊帶我們去森林裏徒步。他把我們帶到了一個大水塘旁邊，然後示意我們蹲下。透過樹叢，我看到一頭印度犀在水塘中游泳，游得怡然自得。牠用自己的大角挑起水塘中的水草，然後再用靈活的嘴脣捲到嘴裏吃掉。

和白犀牛相比，印度犀的習性更像河馬，牠們特別喜歡在大水池裏游泳。豐美的水草柔嫩多汁好消化，水中的清涼能抵抗南亞的炎熱，還能躲避擾「人」的蚊蟲。動物園也應當滿足這樣的需求。我去過印度的一些動物園，印度的動物學家和動物園人對印度犀的習性特別熟悉，他們一般都會給印度犀的展區配上大水池，甚至是水很深的爛泥潭。於是，我們便能在印度的動物園裏見到印度犀游泳的樣子。可惜的是，北京動物園的獨角犀生活的環境和白犀牛差不多，沒有印度人那樣的針對性。

這樣基於動物自然行為的展示，在物種層面上，能讓我們更深刻地了解動物的身體結構，有更直觀的認識；而在環境層面上，能讓我們知道這樣的動物應該生活在甚麼樣的環境中，牠周圍的生態是甚麼樣子的。

動物園是一種已有幾百年歷史的存在。它誕生於大航海時代人類的收藏癖，也曾成為帝國彰顯疆域廣闊的勛章，貴族、富豪體現實力的玩物。但現在，動物園則成為

了城市居民親近自然的通道，動物園也理應讓遊客感受到大自然。要實現這個目的，自然行為的展示不可或缺。

而要讓動物展示出自然行為，動物園必須給動物創造出合適的環境。要知道，一個甚麼都沒有的水泥鋼筋籠，是絕對無法讓動物展示出豐富的自然行為的。

甚麼樣的環境對動物來說是合適的？我們要參考動物在自然中的生活和牠們的行為：猴子喜歡攀爬，就不能只給牠們設置地面活動區；揚子鱷喜歡在泥巴裏面打洞，那一個拿水泥硬化了底部的水塘就不合適；鸚鵡喜歡洗澡，那麼籠舍裏應該加裝噴淋頭和沙浴池……並且，天然的環境充滿變化，好的動物園也應該引入變化。有句話是這樣說的：一成不變的豐富，等於不豐富。

北京動物園中，就有一個環境頗為豐富的展區，那就是美洲動物區。

顧名思義，美洲動物區裏養的都是美洲動物。展區內最大的明星，是樹懶。在《優獸大都會》上映之後，動作神速愛飆車的樹懶「閃電」火了，國內動物園裏樹懶驟然多了起來。但動畫裏的樹懶是三趾樹懶（雖然實際上畫了四個手指），國內動物園養的都是二趾樹懶，最顯著的差異就是前爪，一個是三根爪子，一個是兩根。

北京動物園的樹懶是全國養得最好的。請看牠們生活的區域：這個展區不大，但有非常複雜的爬架，爬架坡度也比較小，適合樹懶上爬、倒掛。在展區的各處，有植物等遮蔽物阻隔，使得裏面的動物不至於被 360 度環視，這樣牠們的生活壓力會比較小。

樹懶

生活在這樣的環境中，北京動物園的樹懶成功繁殖了。這是飼養員楊毅的功勞。在他之前，國內的動物園中從未有樹懶成功繁殖過，因此這種動物在繁殖期的飼料該怎麼配，如何保證安全，分娩時有甚麼注意事項，沒有人知道。那怎麼辦呢？楊毅自費跑了趟新加坡，厚着臉皮和新加坡動物園的樹懶飼養員混熟了，耍着賴硬讓對方教自己。有這樣的飼養員，動物怎麼會養不好呢？

樹懶的展區中並不只有樹懶，還混養着低地斑刺豚鼠、刺蝟、綠鬣蜥、牛蛙。展區的上層空間，那些爬架屬於喜歡攀爬的樹懶和綠鬣蜥，下層空間屬於熱愛奔跑的低地斑刺豚鼠。白天的時候，你可以看到樹懶和綠鬣蜥爬來爬去取食，牛蛙有時也會抓蟲子吃；等天色一暗，刺豚鼠會從樹洞裏面出來，四處奔跑，如果運氣好，也能看到刺蝟抓蟲吃。這些蟲子是哪兒來的？展區的地面，其實是水泥地面，但上面鋪了一層有機的墊層，故意往裏放的一些昆蟲生活在其中，會分解掉其他動物的食物碎屑或是糞便。

這些動物的狀態都不錯。舉個例子，怎麼看鬣蜥的狀態好不好呢？看背上的棘刺全不全，是不是都立了起來。對於鬣蜥來說，棘刺是個很容易觀察的部件，但是如果身體狀態不好，牠們就沒有多餘的能量去打理棘刺，棘刺長得也不會好。

這樣的飼養方式叫混養，也就是把一些能夠生活在同一空間裏、不會互相傷害的動物養在一起。這些動物可以生活在同一個展區不同的環境中，有時會有互動，會讓整體的展示更豐滿，更有完整生態的感覺。

牛蛙和環境

低地斑刺豚鼠

樹懶籠舍的隔壁還生活着兩隻水豚。水豚是全世界最大的現生齧齒動物，脾氣特別好，喜歡水。你別看這個展區很小，但要水池有水池，也有乾燥的地面，還存在能讓水豚躲避的樹洞，和把食物吊起來餵食的網籠。這便是給動物的「豐容」。

豐容是基於動物行為及其自然習性改善圈養動物生活環境和條件的動態過程。說白了，就是用一切的方法，讓動物生活得更舒服，自然行為更加豐富。想要觀察動物的自然行為，豐容做得好是一個保證。

做豐容有很多方法。北京動物園內有很多很好的豐容案例。例如，曾寫過《圖解動物園設計》《動物園野生動物行為管理》的張恩權老師，設計過一種「大象癢癢撓」。

癢，是很多動物都會感受到的一種不適的感覺，如果能撓撓，那可非常過癮。我們人類癢了，能拿手撓撓，那大象癢癢了怎麼辦？在野外，大象喜歡在樹上蹭癢癢，那在動物園裏呢？

這問題可就來了。在野外，樹多，大象今天蹭這一棵，明天蹭那一棵，就算蹭壞了

還有新的樹。但在動物園裏就不行了，活動的範圍就那麼大，樹長得又慢，蹭死了就沒得玩的了。如果是往地裏栽上一根水泥柱子，這玩意的觸感跟真實的樹木可就差遠了，大象蹭得不爽。於是，張老師設計了一種新式的木柱癢癢撓：先挖一個坑，用磚頭、水泥、鋼筋在坑中固定一串大輪胎，然後，把一根樹幹插進這些輪胎中固定好。這就變成了一個可以動的樹幹，大象蹭上去，樹幹會像真樹一樣搖晃，這可就舒服多了。這根樹幹一旦用壞了，就可以扔掉換根新的，這可比種真樹快多了，又比水泥柱子效果好。做好之後，大象果然很喜歡。

新式的木柱癢癢撓

可以說，動物的自然行為展示，是和動物的福利掛鈎的。動物福利越好，動物越可能展示出自然行為。動物福利的好壞，不關乎動物的罕有或常見。不論甚麼動物，養好了都好看。

只有沒養好的動物，沒有不好看的動物。不信我們來看看北京動物園的熊。

關注的力量

棕熊冬眠

公眾的關注，是動物園進步的唯一動力。

北京動物園的熊山裏生活着亞洲黑熊和棕熊。亞洲黑熊有兩隻，牠們性格開朗，特別喜歡打來打去玩兒。牠們的籠舍裏有一個爬架，有一人多高，這兩頭黑熊可以把前肢鈎在爬架上，稍微一蹦，前肢一用力，就把自己掛到爬架上方去，別提有多靈活了。展區中還有小水池，夏天能看牠們下水游泳。在白天，很多動物都不太活躍，尤其是在中午。但黑熊常常不會，玩起來沒個停，很有意思。

更有意思的是棕熊。有意思在哪兒呢？可不僅僅在取食或是玩鬧的時候，北京動物園的棕熊有一大看點：冬眠。

我們都知道，熊在冬天會冬眠。其實這種屬性只在北方的熊身上有，南方冬天暖和，森林裏不缺食物，就沒有必要冬眠。並且按照舊的定義來，棕熊那不叫冬眠（hibernation），而叫冬休（winter rest），是一種體溫不會大幅降低、常常會醒來、不吃不喝的半夢半醒狀態。

北京動物園的棕熊就會冬眠。園方給棕熊提供了一個很粗的水泥管道，還往籠舍裏堆了一些枯樹枝和落葉。冬天天冷了以後，棕熊就開始收拾了。牠會四處收集落葉、乾草，往水泥管裏面放。然後找來枯樹枝，堆在管子門口，方便自己躲進去之後把門給堵上。然後，牠的冬眠就開始了。

2018 年的這個冬天，北京動物園改了一下這個粗水泥管的擺放位置，把開口指向了一處一般遊客不太會去的玻璃幕牆的方向。如果你知道這個位置，就可以過去觀察棕熊的冬眠。這個冬天，這頭棕熊膽子大了很多，變得有些沒羞沒臊了。牠知道沒有人會打擾牠的冬眠，於是都沒怎麼堵門。我們直接就能看到那張睡意矇矓的大臉。剛才說了，棕熊的冬眠並不是很穩定，常常會醒來。因此，只要你觀察得足夠久，足夠有耐心，再加上一點點的運氣，會看到冬眠的棕熊突然抬個頭，一臉樹葉渣渣地看着你，然後撓撓頭繼續睡去。

熊的冬眠，是一種大家都知道但沒有見過的自然行為。在國內，我只知道有兩家動物園的熊會冬眠，一個是北京動物園，一個是西寧動物園。即使是北京動物園，也是這兩三年才出現的。這是為甚麼呢？場館設計得不合理。

北京動物園的舊熊山與其叫熊山，不如叫熊坑。這種展區，你一定在身邊的動物園裏見過：它就像古羅馬的鬥獸場一樣，遊客站在高於動物生活區域的位置，俯視坑裏的動物。中國動物園的坑式展區，承繼自蘇聯的舊式動物園，至今仍舊常見於中國，常用於獅、虎、熊、猴的展示。這是

一種典型的集郵式展示方式。觀看這種展區，遊客會有一種萬物之靈長的錯覺，除了裏面的動物長啥樣，很難獲取別的信息。

在動物園中，有一些和自然行為相對的不良行為。其中最不好的有兩種：一種叫刻板行為，一種就是乞食行為。

刻板行為的出現簡單講就是動物被養得實在太差，牠太無聊了，所以不停地重複某一行為，比如不停搖頭或不停來回走動，以此來發泄牠無聊的狀態。這種狀態對動物來說極為不好。有時這種現象也會發生在人身上，比如有的時候家裏沒人，把小孩一個人關在家裏，小孩可能就會不停玩手、摳自己，因為孩子沒別的事可以做。

乞食行為是動物在人的投餵影響下，一心只想向人類要食物的一種行為。常常表現為動物啥都不幹，就站在展區靠近人的位置，眼巴巴地看着人類要食物。動物園裏的動物不應該被投餵，很多遊客害怕動物吃不飽，所以天然地想投食，但實際上動物們每天吃多少，都是有科學的搭配比例的。遊客多餵，反而容易把動物給餵壞。這樣的事故，在全國各地都出現過很多次。

一旦出現這兩種行為，你就別想看到自然行為。尤其是乞食，一旦出現，再好的籠舍、再多的豐容，都攔不住動物去要吃的，我們想觀察牠們自己玩都看不到。

而在坑式展示中，無論是刻板行為還是乞食行為都特別容易出現。刻板行為的出現是一個副產品，因為很多熊坑、獅虎坑和猴坑的豐容都做得不太好，動物實在是無

事可做。而乞食行為則是坑式展示的直接產物，人高高在上，沒有甚麼阻攔，肯定會出現投餵。而像熊這樣自控力為零的動物，看到人投餵就會乞食，甚至學會作揖、轉圈這種「花活」。

說到投餵，北京動物園那是要面對特別多充滿想像力的低素質遊客。近些年來，動物園針對投餵有了更多的防備。於是，這些遊客動起了腦筋，開始餵一些奇怪東西。例如，生掛麵。這玩意便宜，還又細又長，很容易從縫隙中塞進籠子裏面。

在遊客投餵和館舍陳舊、單調的雙重打擊下，當年北京動物園的熊，那狀態可叫一個差。人一靠近，牠們就開始作揖。想看熊的自然行為？沒門兒。

大約在 2013 年的時候，出了一個事兒，改變了這種狀況。微博名為「北京動物園愛好者」的朋友，每天發一條微博，堅持了一年，持續地督促北京動物園改善熊山的環境，數度在微博上引起很大的反響。2014 年，北京動物園的熊山開始改造，成了現在的新式展區。這個展區改俯視為平視，用玻璃幕牆隔開了人和熊，內部還設置了不少豐容設施。於是乎，熊的冬眠才會出現。

這件事體現的是關注的力量。類似的事情在北京動物園，在中國的好多動物園中都屢次發生。

北京動物園的張恩權老師一直在說一句話：公眾的關注，是動物園前進的唯一動力。

目前，中國的動物園正處於轉型期，正在從老舊的收集癖轉型為新式的基於保護教育的現代動物園，提升動物福利也成為了整個圈子都認同的理念，儘管未必都能實現。無論國內外，公眾的關注都能夠推動或是迫使動物園發展和轉型，尤其是在這個關鍵的轉型時期，公眾對動物園的關注，更是一種不可忽視的力量。

所以，大家不妨多去逛一逛身邊的動物園，看一看裏面有哪些好的、哪些不好的，都說出來，和網友們交流。同時，我們也要提升自身的知識水平，這樣提出來的建議才能更好地推動動物園前進。

重回自然

北京動物園的大斑啄木鳥

動物園是一個階梯，幫助我們體會自然的美好，但動物園並不是自然。如果有能力、有機會去接觸真正的大自然，你會找到更多的樂趣，有更深的體會，反過來，也會更新你對動物園的理解。

真正的大自然並不遠，在動物園裏就能找到。就拿北京動物園來說，園內就有不少真正的野生動物，尤其是野鳥。在暖和一些的季節，如果你運氣好、眼睛靈，有可能在動物園裏遇到啄木鳥和翠鳥，看到牠們在樹上打洞或是下水抓魚，那畫面，可真是美極了。

更容易看到的是漫天的烏鴉。北動是北京市烏鴉的一個大的聚集地，在冬天，牠們會聚成大羣，夜裏在動物園中休息。到了白天，牠們會四散開來，到郊區去覓食。但還是有一批烏鴉不會去郊外，而是留在園裏找吃的。那些喜歡在園裏待着的烏

烏鴉欺負黑麂

鴉，會彰顯「流氓」本色，和別的動物搶吃的，甚至單純為了好玩，「調戲」別的動物。我就經常在北動裏看到烏鴉調戲各種鹿。

在北京動物園中，還有一種特別難觀察到的野生動物自然行為：鴛鴦的育幼。北京動物園內有大面積的水域，飼養員還會撒食，因此會吸引來很多野鳥，包括野生的鴛鴦。和很多人的印象不太一樣的是，鴛鴦是一種樹鴨，牠們會在高高的樹洞裏築巢，把蛋產在樹上。當小鴨子孵化出來長大到一定程度的時候，親鳥會帶着牠們往下跳。這個行為，我在北京動物園都沒有看到過，只聽人說過。

給孔雀拜年的黃鼠狼

在南方，動物園裏容易出現更多的野生動物。比方說，武漢動物園裏有黃鼠狼。上一個雞年的大年初一，我到武漢動物園裏轉了一圈。沒想到，在鳥區看到了一隻黃鼠狼，牠噌噌噌地跑到了孔雀籠子旁邊，饞涎欲滴地看了半天。看甚麼看，孔雀也是一種雞啊！

再往南，尤其是到了熱帶，動物園裏的野生動物就更多了，尤其是兩棲類、爬行類以及各種蟲子。有一次，我在馬來西亞亞庇市的洛高宜野生動物園玩，突然瞥到下水道裏出現了一個綠色的影子。定睛一看，那是一隻綠樹蜥，正咬着一隻大蟲子。於是我趕緊拍了下來，把照片往網上一發，好傢伙，有網友回覆我說，綠樹蜥口中咬着的大蟲子，是一隻巨人弓背蟻的繁殖蟻，是世界上最大的螞蟻之一。在國際寵物市場上，這隻繁殖蟻能賣到幾十美元。

一隻綠樹蜥正咬着一隻巨人弓背蟻

另一次，我在緬甸的仰光動物園裏拍到了一隻天藍色的蜥蜴，這是一隻白脣樹蜥，分佈於東南亞，我國雲南靠南的地方和另一個你肯定想不到的地方也有一點。那個你想不到的地方在哪兒呢？在香港。更具體一點，是香港的迪士尼樂園。這些蜥蜴是跟着從東南亞引入的名貴樹木進的迪士尼樂園，已經歸化成園內的物種了。

真正的自然界真的沒有那麼遠。

想在動物園裏觀察野生動物，除了需要我們仔細、耐心地觀察和克制的行為，也需要一些動物園的努力。動物園需要生態更加友好，張開雙臂歡迎這些小動物，也需要做一些引導，告訴遊客牠們的存在。

野生的白脣樹蜥

白馬雪山的老猴王「斷手」，牠右臂已斷，但戰鬥力極強，在地面上沒有哪隻猴子是牠的對手。2018 年 4 月 23 日，斷手薨於戰鬥。

如果你想去一些更「野」的地方，可以考慮一些國內沒那麼「野」的保護區，這些保護區往往有針對一般遊客的展示區，也會有一些針對更好學的遊客的志願者項目。例如雲南的白馬雪山滇金絲猴保護區和陝西的佛坪大熊貓自然保護區，都挺適合一般遊客去逛逛。這兩個保護區都利用食物招引了一批金絲猴，嚴格來講，這麼做不那麼科學，也會影響動物的行為，但這些猴子的狀態還是比動物園裏的更野，能夠看到更豐富的行為。另外，白馬雪山滇金絲猴保護區還借助這一批招引來的猴子，做了更多的研究。所以去參觀參觀還是不錯的。

更深入的體驗，可以通過參加一些付費的博物旅行團來獲得。這些旅行團會帶着遊客更深入地了解野生動物，也是一種不錯的體驗。但需要注意的是，有些旅行團不太靠譜，一定要注意甄別，多上網看看大家的評價，或是問一問圈內人。

如果你真的很熱愛自然，那麼還有一種更好的體驗方式：參與一些野生動物保護相關的志願者活動。目前，國內有一批奮鬥在一線的野生動物保護 NGO，例如桃花源生態保護基金會、山水自然保護中心、野性中國、CFCA 貓科動物保護聯盟、荒野新疆、雲山保護等許多組織，他們常年招收志願者，有短期或者長期的保護工作可以參與。

自然是我們的老師。無論是在動物園，還是在真正的自然界中，都是如此。

去動物園逛應該帶甚麼？

逛動物園，最重要的是觀察。大多數動物園提供了讓人近距離觀察動物的條件，但是，有時候很多動物還是隔得很遠。因此，大家逛動物園的時候，最好是帶上望遠鏡或者是長焦鏡頭，這樣遠處的東西才能看得真切。

喜歡的動物園，至少要逛兩遍。

第一遍：不妨走馬觀花，看清楚動物園裏有甚麼，找到你喜歡的動物和展區。

第二遍：好好觀察你喜歡的動物和展區，多觀察自然行為。

想更加了解動物園，你還可以閱讀：

- 《如何展示一隻牛蛙？》
- 《致力於物種保護：世界動物園和水族館物種保護策略》
- 《圖解動物園設計》（張恩權、李曉陽 著）
- 《動物園野生動物行為管理》（張恩權、李曉陽、古遠 著）

中國動物園巡禮

2018 年 8 月 27 日，我開始了中國動物園之旅。之後的四個月裏，我走過了全中國 41 個城市，寫了 56 個動物園，港澳台、西藏、新疆一個不落。唯一的遺憾，是太原動物園閉園改造，這就缺了一個省份。

這趟行程了卻了我多年的心願。對於我來説，這首先是個玩，是愛好。另外，我希望我的行動能夠讓更多中國人關注我們的動物園，了解動物園，進而愛上動物園。

跑遍全國，我感覺到中國絕大多數大城市的動物園都在變好。這是中國動物園行業的一個關鍵轉型期，在這個時期，公眾力量是強大的。我們在動物園裏遇到甚麼好的或者不好的，都應該説出來。好的地方，表揚會給園方動力；不好的地方，會形成迫使園方改進的壓力。這就是關注的力量。

我希望我的行動，能夠讓你也開始關注動物園。在本書當中，我會更多地闡釋各地動物園好的地方。我相信，大家看多了好的，也可以看出甚麼地方不好。當大家都能夠用同情、理性、熱愛的目光審視時，我相信，中國的動物園肯定能再上幾層樓。

我還要再次重複真大雨老師這句話：「公眾的關注，是動物園前進的唯一動力。」

我相信這種動力。

港澳台的動物園

曲冠阿拉卡鴷

在我四個月的動物園之旅中，要說哪個地方逛得最舒心，那必然是香港、澳門和台北的動物園。這三座城市是中國最早接受國際動物園界先進思想和方法的地方，加上富裕得早，動物園的發展在國內領先其他動物園一大截。如果你看慣了國內一般的動物園，來這三個地方看動物會有耳目一新的感覺。

對於動物園愛好者來說，這些有國際先進水平的動物園會改變你對動物園的刻板印象，會讓你發現的確有動物園可以給動物尊嚴，同時又給遊客帶來快樂。

對於動物園來說，這些優秀的同行是一個範本。要知道，處於領先水平的廣州長隆野生動物世界，就模仿過新加坡動物園。那些模仿長隆的新派野生動物園，完全也可以參考新加坡的經驗。而公益色彩濃厚的公立動物園，不妨多考察考察台北市立動物園，看看他們是怎麼做的。

台北市立動物園

台北市立動物園是全中國最好的動物園，沒有之一。

按照分佈地理和類羣，台北動物園的動物被劃入亞洲熱帶雨林區、非洲區、澳洲區、溫帶動物區、鳥園等若干個展區。這些展區中，和熱帶沾邊的幾個最好看，畢竟台灣是個居於亞熱帶的地區。

亞洲熱帶雨林區中，最好看的一個展區莫過於馬來貘的混養籠舍。這片區域被流水環繞，中間有片小林地，混養有馬來貘、黃麂、白掌長臂猿。貘這類動物，長得像長鼻子的豬，但行為更像是不兇的瘦河馬，喜歡水陸兩棲。所以在混養籠舍中，貘和龜一樣，喜歡待在水邊或水裏。而害羞的黃麂躲在林子裏，長臂猿待在樹上。

馬來貘

想像一下，在一個露珠閃爍着陽光的清晨，黑白的馬來貘躺在流水旁，龜臥在岸上曬太陽，黃麂在樹林間跳躍，長臂猿在樹上歌唱。這會是一幅甚麼樣的畫面？在台北動物園，這樣的場景肯定會出現。

其實，如果肯花錢，這個展區還可以變得更華麗一些。如果展區的水池挖得再深一點，其中的一面裝上玻璃，讓人可以在另一側觀察，就能看到馬來貘游泳了。馬來貘游泳的動作和河馬非常像，也是在水底跑步，而不是真正的游泳。但大概因為瘦，貘會更矯健。

台北動物園的河馬與倭河馬就是這樣展示的。小巧的倭河馬擁有較為秀氣的籠舍，水池中養了一大羣魚。有彩色的魚和倭河馬伴遊，這小傢伙看着更可愛了。在自然環境中，兩種河馬生活的環

白掌長臂猿

倭河馬

滾泥潭的白犀牛

境裏常常會有魚。這些魚能吃河馬糞便，可以起到淨化水質的作用。當然，如果河馬密度太大，糞便太多，腐敗消耗了太多水中氧氣，那魚就慘了。

在河馬籠舍的周圍，還展有一系列的非洲動物，獅子、斑馬、非洲象、長頸鹿自不必說，這裏還有一些國內不太常見的物種。

例如伊蘭羚羊。「伊蘭」是荷蘭語裏「駝鹿」的意思，荷蘭人第一次在非洲看到這麼大的羚羊，首先想到的就是歐洲的駝鹿，於是起了這麼個名字。因為體形大，伊蘭羚羊也叫巨羚。又因為個大還集羣，很少有食肉動物敢於挑戰牠們。這種動物的體形雄大雌小，但無論哪個性別，都有着漂亮的眼線，斜眼一瞄異常邪魅猖狂。

另一邊的白犀牛，擁有一大片泥沼地。我去的時候，台北下了一整夜暴雨，泥地變成了泥潭。三頭白犀牛或躺或臥或立，在泥潭當中怡然自得。犀牛這樣的厚皮動物，皮膚上常有深深的褶皺，裏面常常會藏有寄生蟲。在泥裏打滾，能解決掉寄生蟲，讓牠們更加舒適。

非洲動物區還展有斑鬣狗、數種狐猴、狒狒、黑猩猩、大猩猩等動物。這些動物都有濃厚的非洲特色，把牠們聚集在一起，加強了一種明確的異域感，能讓遊客對非洲生態了解得更加全面。台北動物園的澳洲動物區、溫帶動物區、亞洲雨林展區也有類似的格局。

再說說鳥園。台北動物園的鳥園，會讓人感受到人與自然的關係可以是如此和諧。

伊蘭羚羊

台灣擬啄木

巢中的綠簑鴿

台北動物園的鳥園中，我最喜歡的鳥是台灣擬啄木。其他的鳥我還都不太稀罕，就這個台灣擬啄木，別的動物園很少見（但在台灣的野外不罕見）。

這是一種台灣特有鳥類。叫擬啄木，是因為牠不是啄木鳥科的動物，不是真正的啄木鳥，但依舊會啄木頭。牠也叫五色鳥——哪五色，你們數着試試……

上圖是台灣擬啄木正在啄木，相比真正的啄木鳥，牠的效率要低得多。

這座鳥園是一個巨大的混養鳥籠。這種鳥籠很像大陸的老式鳥語林，都是一個大罩子扣着，裏面養着很多種鳥。但其實並不是一回事。台北動物園這種鳥籠，內部飼養的鳥類所需要的溫度、濕度和大體的環境類似，不會出現寒帶、溫帶、熱帶鳥混居的狀況；罩子裏的森林提供了多樣的小環境，你能在林下看到大眼斑雉漫遊，在樹幹上看到台灣擬啄木在啄木，甚至能看到美麗但是反應遲鈍的綠簑鴿在路邊光溜溜的枝頭上築巢……

上圖是抱巢的綠簑鴿。其實我特別反對拍巢鳥，奈何這傢伙心太大，就在路邊做巢，甚麼遮擋都沒有。

等等，綠簑鴿在路邊光禿禿的樹枝上築巢？這心也太大了吧！鳥巢是個很脆弱的地方，一般不會暴露在外，要不然被敵害、人類看到了，後代就很危險了。所以，如果你看到有毫無遮擋的巢鳥照片，就得打個問號，為甚麼這麼清晰、沒有遮擋？是不是有人把鳥巢周圍的遮擋物給清除了，清除後會不會導致小鳥遭遇危險，都得好好想想。

這對綠簑鴿會把鳥巢做在這麼個地方，也能説明逛台北動物園的人比較有素質，沒有人手賤，才讓這鳥的爸媽有安全感。

更讓人感慨的是，台北動物園的視角，並不只停留在哺乳動物和鳥類這樣與人類天然更親近的物種上。園內還有兩棲爬蟲館和蟲蟲探索谷這樣的區域，科普這些通常不太被人重視的物種。

台北動物園的兩爬館擁有遠超大陸同行的實力。哪兒強？一方面強在珍稀物種

的保護上。繁育珍稀物種，做遷地保護，是現代動物園的一大任務。但說真的，能夠真正參與進保護事業的動物園又沒那麼多。台北動物園在這方面做得相當好，拿兩爬館來說，他們參與了安南龜的國際繁育計劃。

安南龜是一種越南特有的龜類。亞洲的龜鱉都很慘，除了要面對棲息地破壞、被抓來吃之外，長得好看的會被人抓去養，簡直生不如死。安南龜長得好看，還有人覺得牠好吃，於是被抓到瀕臨滅絕。台北動物園能幫助安南龜繁育，這是個大功德。

更強的是教育。

台北赤蛙的保育宣傳

就拿這一塊台北赤蛙的保育宣傳來說，真的是超高水平。台北赤蛙是台灣的一種珍稀兩棲動物。近些年因為農藥打太多，台北赤蛙的棲息地也遭到破壞，數量在驟然下降。這一塊的宣傳，以這種動物的特徵起筆，談到生態，談到數量減少的原因，再接上大家的行動，不賣慘，不乞憐，從引發興趣談到共生，特別棒。

安南龜和牠們居住的環境

更讓我感慨的是上面這張圖片。在生態學中有「傘護種」這個概念，說的是通過保護一個物種，就能夠保護牠身邊的環境，就像傘一樣保護了周圍的其他物種。一般來說，傘護種常常是高大威猛誰都不會忽視的大動物，但在台北動物園的這套宣傳中，台北赤蛙居然成為了一個傘護種。轉念一想，確實，這個物

種對環境有要求，害怕打農藥，如果牠們能在一塊田裏生活得很好，其他物種也可以。再加上又是一個常見的廣佈種，確實能當傘護種。這可妙得很。

其實，台北動物園的水體中就有台北赤蛙，這傢伙叫得巨難聽。這說明這座動物園也是不怎麼打殺蟲劑的。突然感覺我連續數次在台北動物園裏被蚊子、小咬（一般指蠓）們咬慘了，是一件沒那麼壞的事情……

台北動物園的昆蟲館中最華麗的部分是蝴蝶園。台灣有很多種蝴蝶，幾間蝴蝶園裏飼養的都是原生的物種，從幼蟲展示到成體。數種蝴蝶中最有意思的當數枯葉蝶。這貨翅膀的背面花紋是枯葉的輪廓和紋路，合起來之後還會微微顫動，就像是一片隨風顫抖的枯葉。但如果你驚了牠，枯葉蝶張開翅膀，正面鮮豔的顏色很可能會讓你嚇一跳。在獵食者吃驚的這個瞬間，枯葉蝶可能就看準機會逃走了。

枯葉蝶

更讓我感慨的是這兒的志願者，在台灣稱為志工。我在昆蟲館裏遇到了一位滿頭白髮的志工老爺爺。他大概是聽到我們幾個人說話帶大陸口音，於是特別帶着我們轉了一圈，看蝴蝶幼蟲，看螢火蟲。聊了聊，老爺子是 1949 年來的台灣。他老人家對大陸應該是有特別的情愫。

這位志工對昆蟲館裏的各種蟲子如數家珍，問啥都知道。有這樣一位專業人士帶領，你能看到很多很有意思的東西。比方說，下面這種小棍棍一樣的蟲子。我第一眼看到牠的時候以為是個樹枝，老先生聽後讓我仔細看，我又覺得是一隻竹節蟲，可惜又錯了。於是，老先生拿着一根小棍，碰了碰牠長長的腹部，這隻小蟲張開了八條腿。囉，這是個蜘蛛啊！

蚓腹蛛

這種奇怪的小蟲是一隻蚓腹蛛，我之前見過圖片、看過資料，但這還是第一次見到實物。牠的特點就是長長如蚯蚓的腹部。這樣的外觀，真的是會顛覆你對蜘蛛的認識。

如果沒有專業的人士帶着看，連我都不會發現這麼個小東西。想一想大陸的動物園，大多數時候招的志願者都是有熱情、有體力但是缺乏知識和技能的少年

輕。這種策略上的不同，會帶來完全不一樣的感受。

在動物園的門口，還有一片試驗稻田，這是一塊做生態農業教育的地方。台北動物園的園長，曾在此帶着小學生勞作，宣傳和田鱉等稻田生物和諧共存的理念。在這片試驗田的周圍，立着田鱉、花龜、中華鱉、台北纖蛙的雕像，這些動物的鑒別特徵都很精確（沒錯，連那個 Q 版的田鱉都不是亂塑的）。

水稻田內的裝飾性雕塑

這樣的自然教育，已然超越動物園自身的疆域了。

只要有上面這樣的場館和自然教育水平，一個動物園就算得上優秀。台北動物園中最讓人拍案叫絕的，是有一片台灣動物區。

台灣動物區中飼養了 21 種台灣本土物種。每一個種，都能讓你感受出園方對牠們的熱愛。舉個例子，台灣鬣羚的展區，就擁有教科書一般的場館設計和豐容水平。

台灣鬣羚是台灣地區現生唯一一種野生牛科動物。在大陸，牠們有個親戚叫中華鬣羚。這兩種動物的脖子中間都有一行鬃毛，看起來非常瀟灑。若是把這兩個種放在一起，外貌上的差別顯而易見：台灣鬣羚是棕色的，中華鬣羚更偏灰黑色。

鬣羚是一類山地動物，喜歡爬高高。這樣的習性和西北的岩羊很像，因此，建一個人造的假山讓牠們爬就很好。台北動物園就建了這麼一座山。更為漂亮的是，他們還結合了台灣的環境特點，在假山上接上流水做了個人工瀑布，在山石間種上了滴水觀音。這樣的設計，似乎讓人一眼看到了台灣的原生山林。

台灣鬣羚

台灣鬣羚的展區

為了能讓遊客觀察到動物，飼養員特地把餵食桶放在了展區的前方。這樣台灣鬣羚進食時就離遊客比較近了。

台灣動物區的建設者不光有還原野外環境的豪氣，更有在螺螄殼裏做道場的巧妙。這片區域的許多建築在 1986 年動物園遷到這裏來的時候就已經有了。以目前的眼光看頗為狹小。但就在這樣狹小的籠舍裏，他們還是儘可能地做了許多豐容。

雲豹的籠舍就是如此。飼養員在籠舍裏鋪上泥土，栽種了樹木，讓雲豹擁有了合適的地面和植被；在籠舍後方建了水泥石墩，上方用鐵網加上了進出的通道，立體地使用了空間。餵食時，他們還會把肉繫在繩上，掛在籠舍中央，這樣雲豹想吃到東西，就不得不多做些鍛煉。

台灣的雲豹消失已久。台北動物園裏的兩隻血脈都源於中南半島。這樣的展館，讓人平添了許多念想。

穿山甲

然而，台灣動物區最大的明星還不是雲豹，而是穿山甲。

台北動物園是世界上第一個實現穿山甲人工繁育的動物園，園中飼養着 13 隻中華穿山甲。因為捕捉食用野生動物的陋習，全世界的穿山甲正遭受着巨大的威脅。這威脅大部分來自於我們中國：少數人的暴行，國際上的惡名卻要讓整個中華民族來背。但至少台北動物園幫我們爭回了一點面子。

為了保護穿山甲，台北動物園做了許多繁育之外的事情。其中最重要的就是公眾教育。

雲豹

穿山甲的科普展品

展板自然是穿山甲展區內必不可少的一部分。板上的各種介紹，詳盡又平實，並不只是冷冰冰的知識。其中最好的一塊，是一個包含着穿山甲模型的透明塑膠球，遊客可以從一個小小的孔洞裏伸進手指，摸一摸穿山甲溫潤的甲片。原來，穿山甲是這樣的手感啊！

但頂級的自然教育，莫過於讓自然自己展示自己。讓活生生的穿山甲表現自身的行為，那會比展板更為重要。台灣動物區的穿山甲展館是怎麼做的呢？

豐容自不必說，飼養員為穿山甲營造了頗為自然的環境。整個穿山甲展館都在室內，要在室內做到這一點需要費心思。為了讓日行的人類遊客看到夜行的穿山甲的行為，飼養員通過白天的定時餵食，讓穿山甲在早上會醒來一次。如果你在早上 11 點左右去圍觀，就有可能看到穿山甲擺弄着透明的長條食盒，又細又長的舌頭在其中刮取食物。原來牠們的舌頭是這樣的啊！原來牠們是這樣吃東西的啊！原來牠們狼吞虎嚥的樣子這麼可愛！

如何面對本土物種，是每一個動物園都應該思考的問題。我們大陸的動物園，熱愛飼養獅子、長頸鹿、斑馬、河馬、犀牛這些大家耳熟能詳的非洲動物，但卻常常忘記了身邊的動物。其實，東北有狼，有鶴，有狍子；西北有雪豹，有猞猁，有黃羊；東南有鬣羚，有琵鷺，有勺嘴鷸；西南有長臂猿，有雲豹，有金貓。不少本土動物在動物園裏也能看到，不是說沒有，但沒有哪一個動物園會像台北動物園這樣重視本土物種，建上一座如此優秀的本土動物區。

梅花鹿台灣亞種

香港動植物公園

飼養中小型動物，主要展示靈長類和鳥類。

雖然香港是個人口密度很大的城市，但在這裏卻有許多可以看動物的地方，保護區、公園，山林、濕地，野生或是籠養的動物都不少。就說專門的動物園，香港有香港動植物公園和香港海洋公園兩處景點，這兩個景點單純用來展示動物的地方都不大，但相對內地，做得很精細，可謂是螺螄殼裏做道場。它們都是世界動物園和水族館協會（WAZA）的會員。在中國，僅有台灣的台北動物園、高雄海洋生物博物館和這兩個公園，入列 WAZA 會員。能夠加入這個組織，其實也是一種實力的認可。

香港動植物公園位於中環地區，這裏是香港的市中心，寸土寸金，地價高得恐怖，但依舊留下了幾小片空地給動植物園和其他公園。

香港動植物公園的面積僅有 5.6 公頃，若談大小幾乎無法和內地任何一個正經動物園相提並論，甚至已經很小了的倫敦動物園面積都是香港動植物公園的三倍。如此大小，很難飼養大型動物。因此香港動植物公園僅飼養中小型動物，主要展示靈長類和鳥類。

整個動物園分東西兩個大區，西區是靈長動物區。香港動植物公園位於山地上，植物園園內的植被相當不錯，但可

惜的是，這兒的靈長籠舍無論是設施還是理念都比較老，沒有利用天然的環境，也沒有造甚麼景。

展示的靈長類中最顯眼的是長臂猿。在數個高大的網籠中，白頰長臂猿們借助網壁上下翻飛。大概因為氣候、環境合適，還飼養有幾個完整的家庭。這些白頰長臂猿很喜歡叫，在樹林的圍繞下，這些叫聲混響得特別熱鬧。

樹懶：隔壁那隻猴子快到失焦

合趾猿之所以叫這個名字，是因為第二三趾之間有膜連接，趾頭「合」了起來

紅毛猩猩

白頰長臂猿叫夠了，旁邊的合趾猿又唱了起來。合趾猿是長臂猿中最大的種類，身高可達 1 米左右。加之身材粗壯，一晃眼過去你會覺得見到了一隻黑猩猩。合趾猿無論雌雄，喉嚨上都有一個碩大的喉囊，平時難以見到，但一叫就會鼓起來，脹成足球大小。合趾猿會用這個結構提升鳴叫的音量，也能靠它發出特別的共振音。

西區的深處，還住着一家紅毛猩猩。這些猩猩的籠舍比長臂猿們可是大多了，但若以內地優秀動物園的標準來看還是不夠大。籠舍是全封閉的，籠頂特別製作了許多交錯的斜樑，模仿林間樹冠的枝頭。紅毛猩猩們很喜歡這個結構，我去的時候，幾個個體全窩在上方。

若是看紅毛猩猩場館的地面，就顯得不夠好了。這兒的一個籠舍裏有人造的樹枝，也有人造的瀑布，但另一個基本是空的。佔地面積不夠無法擴大籠舍可以理解，但已有的籠舍裏不怎麼做豐容就不太好了。

整個靈長區，呈現出展示的動物越大，飼養條件越跟不上的狀態。只說靈長

區，內地已有幾個優秀的動物園超過了香港動植物公園，比方說南京紅山動物園。這片區域在二十年前可談得上優秀，在現在有些落伍。但話說回來，這些籠舍還是比內地大多數動物園的要好。

穿過地道，便來到了香港動植物公園的東區，這邊是鳥類展區。展區中，也有一些老式的小型籠舍，飼養了一些雉雞或是鳩鴿，但最好看的當數幾個大型的混養鳥籠。這幾個鳥籠的主題還不一樣，有展示黑臉琵鷺、紅䴉、林鴛鴦的水鳥籠舍，有飼養犀鳥、鳩鴿的林地鳥舍。

黑臉琵鷺是香港野生動物保護的一個標誌。這種瀕危鳥類，長着白身子和黑

林鴛鴦

黑臉琵鷺和紅䴉

臉，牠們覓食的時候會把琵琶一樣的扁嘴放在泥地灘塗中左右晃動，靠靈敏的觸覺尋找水中的獵物。黑臉琵鷺身邊是一羣美洲紅䴉，稍遠處還有幾對林鴛鴦。林鴛鴦是我們熟悉的鴛鴦的親戚，生活在北美。

這些水鳥生活的籠舍中有上下兩個池塘，中間以小瀑布相連。籠舍的觀察面有上下兩處，借助高差和坡度的合理設計，每一個觀察面都只能看到一個池塘的水面。加上籠舍內較為密集的植被，保證了動物不會被 360 度圍觀，不會有太大的心理壓力。

林地主題的鳥舍中，最好看的是鳳冠鳩。鳳冠鳩是一類生活在印度尼西亞、巴布亞新幾內亞的大型走地鳩。牠們的個頭太大，飛行能力很弱，但在林間穿行時頗為敏捷。鳳冠鳩最明顯的鑒別特徵，是腦袋上扁平的鳳冠，讓牠們那小小的鴿子腦袋看起來特別高貴。

在老的分類方法中，鳳冠鳩屬分三種：藍鳳冠鳩、維多利亞鳳冠鳩和紫胸鳳冠鳩。最近，科學家剛從紫胸鳳冠鳩裏新分出來一個南鳳冠鳩。不算這個新種，香港動植物公園已經把鳳冠鳩屬集齊了，這在中國是絕無僅有的。這幾個種在外形上有細微的差異，叫聲也有所不同，放在一起，需要仔細觀察才能分辨。園中有漫畫化的圖鑒，將這三個種的差別畫得一清二楚。借助這個工具，只要仔細，你肯定能分辨出不同。

鳳冠鳩

小葵花鳳頭鸚鵡

香港人確實很喜歡鳥，也很會養鳥。在香港動植物公園隔壁的香港公園中，還有一處鳥類展區。其中，有一個巨大的可進入式鳥類溫室，我運氣不好，去的時候正在修，所以沒有參觀。旁邊的展區中，飼養着一些大型犀鳥，也頗為可觀。

正在看犀鳥的時候，我突然看到一隻白鳥從我眼前晃過，還發出了嘈雜的叫聲。當時我懵了一下，突然意識到，香港城區的白色野鳥，叫聲還很難聽，除了牠還能是甚麼！

牠是誰？牠是小葵花鳳頭鸚鵡，牠可是香港野生動物中的一個傳奇。

小葵花鳳頭鸚鵡可不是在澳大利亞濫大街的大葵花，而是原產於印度尼西亞和東帝汶的極危（CR）物種。這個物種在全世界僅剩不到一萬隻，香港的野生種羣佔了全世界的十分之一。

香港種羣是怎麼來的呢？這就傳奇了。「二戰」期間，日本軍隊打到香港之前，港督楊慕琦養了一些。為了防止自己的鳥被日本人俘虜，港督在抵抗失敗投降被俘前把鳥給放了，這就造就了香港的小葵花鳳頭鸚鵡種羣。

入侵生態學裏有個十數定律：外來傳入的物種只有 10% 能夠定植，定植的物種只有 10% 能夠擴散，擴散的物種只有 10% 有害。看起來這些小葵花只是在城市生態環境中定植了，沒到後面兩步，不用太擔心危害生態啦。

我問過本地的朋友，小葵花在香港公園附近非常常見，他們甚至都不把牠當一回事。而在九龍公園中，有更密集的一羣。包括小葵花在內的各種野鳥受到香港嚴格的法律保護，當地的環境也適合生存，牠們的生活，想必很如意吧。

環境這麼好也是有副作用的。香港動植物公園內的蚊子和小咬（一般指蠓）實在是太多了，我一個不小心，腿上就被咬了一片包。不過，這也算甜蜜的煩惱，為了看到這些過得不錯的動物，被咬也就忍了。

香港海洋公園

館中生活着來自長江的中華鱘。

綠蓑鴿

香港海洋公園同樣擅長養鳥。這個公園其實更像一座遊樂場，有許多特別刺激的遊樂設施，比方說亞洲第一個 VR 過山車，能觀看海景的摩天輪，它們的光輝，似乎蓋過了海洋公園內飼養的動物。

也的確是這樣。花好幾百港幣買票，要是只看看那些不算多的動物，不去玩遊樂設施，似乎是不太值。但這並不代表那些動物的展區不夠好。恰恰相反，香港人在海洋公園中還原出了一個個小生態。

這樣的生態感是如何營造出來的呢？不妨來看看海洋公園的水獺展區。這兒的水獺生活得比較自在，籠舍中有溪流、瀑布、沙地、巢穴，光是這個部分，就能讓水獺展示出漂亮的自然行為了。但這不是重點，往上看。這個展區非常高，岸上有好幾棵樹，樹冠中生活着好多種鳩鴿類。例如上圖中的尼柯巴鳩，也叫綠蓑鴿，是鴿子中最好看的種類之一，在太陽下，牠們那泛着金屬色的羽毛會閃爍出彩虹一樣的光輝。

雉鳩，一種走地鳩，生活在海洋公園的鳥區當中，我是第一次見

東南亞是鳩鴿類的演化中心地區，各種鴿子的多樣性極高。生活在東南亞的水獺家裏周圍有各種鴿子是很正常的事情。海洋公園的這個展區，通過分層的混養還原出了水獺家的環境。這就是生態感。

這樣的生態感，在熱帶雨林天地展區中更為明顯。這個展區中有混養的熱帶鳥類，有羣居於小籠舍中的熱帶小猴，有單獨生活在生態缸中的熱帶兩棲爬行動物，一個個小的展示區域，彷彿構成了一棵大樹的各個部分，重現了熱帶雨林的生態。

在這些熱帶鳥中，我最喜歡的是巨嘴鳥。

曲冠阿拉卡鴷

熱帶雨林天地中生活的巨嘴鳥，大多是阿拉卡鴷這一類。阿拉卡鴷比常見的鞭笞巨嘴鳥小，顏色更為鮮豔。我去的時候香港正在下雨，沒想到阿拉卡鴷一沾上水，渾身就散發出一種濃重的塑膠感，加上牠們停在樹枝上時不愛動，一動都不動，看起來實在是像塑膠假鳥。

在這些熱帶鳥附近，海洋公園展示了一堆兩棲爬行動物。這兒的兩爬全部生活在生態缸當中，缸內除了動物，還有活的植物，需要有恆溫、恆濕和照明裝置來維護這個小生態。所有生態缸中，我最喜歡的是幾個箭毒蛙的缸。這些顏色豔麗的小惡魔生活在綠油油的植物中，讓人看着特別高興。

香港動物園的兩爬館水平比內地同行高了不是一點半點。

鈷藍箭毒蛙

說完熱帶，我們再來看看寒帶。海洋公園的極地展區中，最好看的是一堆企鵝。我去的時候，正是巴布亞企鵝築巢繁育後代的時候。在南極半島上，築巢用的石頭是企鵝當中的「硬通貨」。為

偷石子的企鵝

公園熊貓館一樣，海洋公園的兩個熊貓館都是室內場館，他們在室內鋪上土、種上樹，依靠通風和照明系統，在室內給熊貓營造了一個恆定的環境。這樣精細地管理室內展區的方式，值得內地的動物園學習。

香港海洋公園展示的中國國寶，可不只有大熊貓，他們還專門為了中華鱘建了一個長江生態館，館中生活着來自長江的中華鱘。説真的，這是我第一次在動物園或海洋館中看到中華鱘。這個中華鱘的展缸很大，人們能從側邊和底部觀察這種巨型魚類在水中的曼妙身姿。而身邊的文字、影片，又在告訴遊客為了保護長江，我們能做一些甚麼。

了做好自己的巢，巴布亞企鵝常常得去別人的巢裏偷竊。這樣的行為在海洋公園裏完美地展示了出來。所謂讓自然展示自己，就是這樣一個狀態了。

在中國，港澳台的地位比較特殊。因此，這三地必須都有熊貓。香港的熊貓生活在海洋公園。和澳門的石排灣郊野

作為一個在長江邊長大的孩子，我在這個場館中十分感慨。

香港海洋公園的熊貓

中華鱘缸

作為一個海洋主題的公園，香港海洋公園中還建有許多大型的水族缸，也飼養了一些海洋哺乳動物。相對於內地的同行，這兒的動物福利比較好，有一定的豐容，場館設計也更妙，特別注重讓遊客從不同的角度觀察到動物。值得一提的是，香港海洋公園的海豚有半數是自己繁殖的，這就減少了對野外種羣的依賴。同時，這裏也接待需要救治的野生海豚。

必須得說，這是一種進步。

亞洲黑熊 BOBO 成為了澳門人的寵兒。

澳門沒有專門的動物園，但有兩個公園中有動物展區。

我逛到二龍喉公園的時候，澳門人正在緬懷一頭名叫 BOBO 的亞洲黑熊。人們帶來了鮮花和胡蘿蔔，敬獻在 BOBO 的雕像前；人們作畫、寫信，用褐色的絲帶綁在欄杆上，欄杆上甚至還綁着氣球和棒棒糖。BOBO 在生前應該也會喜歡這些東西吧。

公園的管理方新做了兩塊標牌，和幾塊老的標牌一起，詳細介紹了 BOBO 的生死。但據澳門媒體的考證，官方所製的標牌有一些瑕疵。他們查到了《華僑報》當年的報道，指出 BOBO 獲救於 1986年 12 月 19 日，是一家飯店派人送來的。飯店方表示，曾有人出一萬塊想買下 BOBO 吃掉。

之後，BOBO 就住在了二龍喉公園，成為了澳門人的寵兒。澳門回歸後，他們又設法和北京動物園合作，獲得了一頭母熊給 BOBO 做妻子。可惜，母熊在澳門沒有活上幾年。

三十多年過去了，BOBO 成為了亞洲黑熊界的老壽星，牠的身體也越來越差，從 2018 年年初開始，便深受肺炎的困擾。2018 年 11 月 20 日 11 時 16 分，這位「熊瑞」在二龍喉公園辭世。

BOBO 死後，公園的管理方決定將牠做成標本，永遠和澳門人待在一起。但不少澳門人已經把 BOBO 當成了澳門人的一分子，認為牠應該入土為安。於是，BOBO 的籠舍外也成為了無聲的抗議現場，一些人在那兒貼上了反對做標本的宣傳材料。

澳門人正在緬懷 BOBO

無論如何，人們都在用自己的方式緬懷一頭黑熊，一頭陪伴了這個城市 34 年的亞洲黑熊。這樣的人情味或許正體現了澳門的文明程度。

這是比遊客視線稍高的一個生活面，從石坡往下爬，BOBO 還可以來到下面的一片領地。在港澳台，沒有太多人投餵，因此坑的問題沒那麼大。

澳門其實沒有專門的動物園。二龍喉公園不過是建了幾個籠舍，養了一些不罕見的動物，並且看起來頗為凋敝，好幾個籠舍都空了。在內地，這就是小型園中園的性質和規模。這些籠舍也不新。

BOBO 的籠舍，其實是一個熊坑，地方也不算大，但裏面有水池，也有一些基礎的豐容。

BOBO 的籠舍

不少澳門人反對將 BOBO 做成標本

這個公園主打郊野體驗，自然環境不錯。

野生的蜻蜓

相比較之下，石排灣郊野公園的大熊貓，生活得就好得多。這個公園主打郊野體驗，自然環境不錯。剛到那兒的時候，我就被地圖上標註出來的「蜻蝶園」吸引了注意。一開始，我以為那又是一個放養昆蟲的溫室，過去一看才發現，那是一條小溪，溪水從山上沿着人工劃出的台階一級級向下流，兩側種滿了多種多樣的宿主植物，水裏也有水草。原來，園方是在用園藝的手段，吸引野生昆蟲來到人類的眼前，展示的是澳門的自然。

石排灣的籠養區明顯分成新舊兩塊。舊的籠舍養了一些鳥和靈長類。大概因為來源和經費的問題，這兒的動物不多，像黑葉猴、長臂猿這樣的羣居動物，都只有一隻。牠們生活的籠舍空間很高，但豐容水平一般，有，但是不出色。這些動物幾乎都是從二龍喉的老籠區遷來的。

川金絲猴

新建的大小熊貓、金絲猴館就精彩得多。這些內地來的動物，生活在空調房內，享受着在室內建造出的自然環境。尤其是那個收 10 塊澳幣的大熊貓館更是精彩，園方在場館內用土堆出來了幾個緩坡，坡上種植了草和樹，在恆溫系統的控制下，熊貓能全年生活在舒適的環境中。住在這兒的熊貓是「開開」「心心」和牠們的孩子「健健」「康康」，這四頭熊貓被澳門人親切地稱為「開心家族」。

這個大熊貓館還有外舍，外舍中有可以爬的大樹。但我去的時候，大概在整

修，裏面有人，沒有大熊貓。

這樣安逸的室內大熊貓館在內地幾乎看不到。如今，我們一些動物園也建了水平不錯的大熊貓館。若是比外場，很多利用原生環境做展示的熊貓外場甩港澳台熊貓館好幾個身位。但沒有哪個動物園有這麼考究的室內展示。

這樣的環境，給了動物舒適的同時，也能讓遊客舒心。我在熊貓館裏遇到了好幾個滿嘴「卡哇伊」的日本人，我在熊貓館附近徘徊了兩個多小時，都沒見他們出來。

相比二龍喉公園，石排灣公園的動物展示更好看，也更有生氣。這兒若是能擴大成一個全配置的動物園，那肯定會特別精彩。

逝去的 BOBO 讓我們看到澳門人的關懷。生機勃勃的開心家族，又顯示出了澳門飼養動物的實力。大家去澳門旅遊時，不妨多走兩步，去石排灣看看澳門對自然、對動物的態度。

石排灣的大熊貓和牠的家

東北的動物園

狼

在開始中國動物園之旅時，東北是我最早造訪的地區——原因很簡單，我需要在天冷之前，趕着把東北跑完。那時我根本沒有想到東北動物園給了我這麼多驚喜。只論大城市，東北的動物園行業可能是中國最先進的區域之一。這很可能同競爭激烈有關：這些城市都有動物園和水族館，還有東北虎林園這種出了東北就幾乎看不到的動物園形式。但更和幾座動物園的理念相關。

這些東北的動物園有較為濃郁的當地特色，狼、虎等原產動物是標準配備，養得都不算差。但他們都沒有特別強調自身的東北特色。其實，以其動物陣容，在展館鋪排、科普信息展示上，強調一下本土物種的身分，會讓獨自存在的幾個場館聚合成一個系列，彼此形成勾連。這樣的展示，也能讓遊客的印象更深刻。

我是在初秋遊覽的這四座動物園。此時氣候還很溫和。東北的隆冬有着南方動物無法忍受的嚴寒，在那時，動物園不得不將牠們關在室內。我特別注意了這幾座東北動物園的內舍，能看到的那些都不是很好。這些東北動物園冬天的水平肯定會急劇下降。

瀋陽森林動物園

這是東北地區最好的動物園。

東北的動物園中，以瀋陽森林動物園為最好。

該園分為兩個區域，一個是大圈的密林幽谷，一個是小圈的其他場館。所謂「密林幽谷」，還真有原生的山坡和小峽谷，遍地是樹林。2015 年，密林幽谷經歷了一番徹底的重建，目前還有很多新場館在修。整座動物園的精華就是這片區域。

岩羊

瀋陽森林動物園的岩羊展區

進入密林幽谷，岩羊展區首先給了我驚喜。

岩羊原產於喜馬拉雅山脈兩側，是雪豹最重要的食物。牠們和山羊的親緣關係比和綿羊的近，雌雄都有角，角向兩側彎曲。這種羊特別擅長攀岩，我曾在青海見過野生岩羊攀爬近乎豎直的石壁。

作為一種羊，岩羊常常不受動物園重視，居住的籠舍，常常就像是一般牧民家的羊圈。但瀋陽森林野生動物園對岩羊青睞有加，在牠們的展區裏建了一座十米高的假山，岩羊能夠像在老家那樣攀爬到假山頂上，俯視下方的遊客。假山下方，園方還建了幾個山洞，岩羊可以在其中藏身。2018 年，幾頭母羊就在山洞裏產下了小崽。

岩羊最好看的自然行為，便是攀爬陡峭的岩壁。這是牠們的天性，也是牠們喜歡的運動。動物園給了岩羊攀岩的機會，遊客運氣好就能看到。這樣的體驗，才是現代動物園應該提供的。瀋陽森林野生動物園的岩羊展區，就提供了觀看岩羊自然行為的機會。

密林幽谷區天然的山水也利用得不錯，很值得一看。比方說羚牛展區。羚牛是一種生活在山地密林中的動物，算是熊

貓的伴生物種，長得孔武有力，尤其是陝西亞種，一身金毛神采奕奕，但卻一直沒有紅，倒是十分可惜。羚牛原生的環境就是山地，牠們可以攀爬很陡的土坡，瀋陽森林野生動物園的羚牛展區坡度雖然沒那麼陡，但依舊可以展示出山地動物的風采。

瀋陽森林野生動物園的鹿也養得很有趣。生活在山林中的馬鹿，被放到了一片山坡林地上。馬鹿這種「灌木殺手」也不客氣，把展區中的小樹全部給啃禿了，過得怡然自得，偶爾躲在已經藏不了身的枯枝後面偷窺遊客。

更有意思的是麋鹿展區。和馬鹿不一

瀋陽森林動物園的馬鹿

麋鹿

樣，麋鹿不住在山林中，而是喜好沼澤地。密林幽谷區中，有一片毗鄰水體的土坡，麋鹿就被放養在那片區域。我去參觀的時候，一頭大角的公麋鹿頭頂着水草，背上滿是淤泥，施施然地從水邊走到了坡上，逆光裏看起來頗為奇幻。

這樣的草食動物展示，建立在對動物的了解上，借助於園中廣闊的面積、豐富的環境，才建立起這麼精彩的展區。

同樣，密林幽谷中的肉食動物也有類似的特色，其中最精彩的莫過於狼。

東北的動物園似乎都很重視狼，也擅長養狼。密林幽谷狼區的佔地面積大、森林覆蓋率高，有山坡，有水池。據飼養員介紹，他們特地在這個展區的遠端堆了一片鬆過的土，利於狼挖洞。果不其然，狼們在那兒挖出了巢穴，然後在其中生下了孩子。

狼羣就這樣壯大了起來。這一羣狼大約有十頭，羣體內的等級非常森嚴，就像老的教科書裏所寫的那樣。羣裏的老大大多數時候張開着毛，看起來特別健壯，身邊圍繞着牠的孩子和盟友。籠舍邊緣晃悠的是羣裏的受氣包，牠地位很低，經常被別的個體欺負，我去看的時候牠後腿上有一個鮮紅的傷口。但要把牠挪走，倒數第二可能就會成牠這個樣子。

狼是瀋陽森林野生動物園中本土環境養本土動物的典範，而熊貓又體現了場館設計、豐容的最高水平。這裏有四隻熊貓，每隻性格都不一樣。下圖裏這隻叫

瀋陽森林動物園的熊貓浦浦

浦浦，據說愛好拆樹，是個戲精，隔壁熊貓要上樹獲得了遊客的歡呼，牠也會比着來一個。四隻熊貓對應四個籠舍，每個豐容都不錯，有活水，有爬架，有玩具。飼養員説，隔段時間熊貓就會輪換籠舍，讓牠們對環境保持新鮮。

這兒熊貓養得不錯，那麼別的熊呢？棕熊場館雖然明顯不如熊貓，但也不差。這就讓人不難受。

倒是密林幽谷中的老虎，出現了明顯的刻板行為，不停地來回走動。這裏的虎區非常大，裏面還有一台佈景用的……坦克？這樣的組合可能只有在這裏能見到。但坦克對於老虎來説沒有甚麼意義，整個場地看起來還是太空了，這可能就是出現刻板行為的原因。

密林幽谷旁邊的小圈當中，有一些比較老的場館，如象館、猛禽館，和新場館一比，差距就立馬顯現了出來。尤其是放置猛禽的那幾個鐵籠，老得有點慘不忍睹。

旁邊的鳥館，倒是經過一番改造，比之前加高了許多。這些籠舍養養小型鳥類還不錯，其中確實有一些比較少見的鳥類，比方説這種紫焦鵑，毛色豔麗、舉止活潑，還會秀恩愛，可以説非常好看了。

説到鳥，瀋陽森林野生動物園的特色是丹頂鶴的繁育。這裏有一個鶴類飛行的行為展示，非常好看。

老虎和坦克

秀恩愛的紫焦鵑

活動在週日的 11 點和 14 點。飼養員會先科普幾分鐘，講講丹頂鶴的特點、飼養要點，然後請出丹頂鶴飛行。門一開，鶴張開翅膀就衝了出來！然而，我們遇到的這羣鶴是 2016 年出生在園裏的老員工，這份工作做了兩年，十分油膩。走出不到十米，掉頭回去了！場面一度非常尷尬。不過這也挺好的，飼養員沒有逼牠們飛：「鶴大爺」不飛是本分，飛是給面子。

好吧。飼養員決定放出另一羣 2017 年出生的年輕員工！年輕員工立功了！飛上天了！不過好像有一隻飛行技術還比較差，轉了好幾圈才落下來。遊客的相機嘩啦啦響成一片。

放飛區旁邊，有一個小的水禽區，整體是還原沼澤地環境，這是好幾種鶴所喜歡的。一隻灰冕鶴心很大，在水禽區中生了蛋。然而，那兒沒有雄性，蛋無法受精，生不出來小寶寶，可惜啊。願意在那兒下蛋，也是認可了那裏的環境。

鶴類的沼澤展區

展示飛行的丹頂鶴

大連森林動物園

這是東北地區一座值得好好看看的動物園，還有特別洋氣的一面。

大連森林動物園是東北地區另一座值得好好看看的動物園。這座動物園建在山地上，山，可能會讓遊客爬起來比較累。幸運的是，動物也是這麼感覺的。如果動物園裏有山，地面高高低低起伏變換，那麼環境的豐富程度可遠比平地要高很多，再加上山坡能幫助動物消耗更多的體力，能讓牠們不那麼「宅」。

小熊貓

小熊貓展區

我們不妨來看看大連森林動物園裏的小熊貓。小熊貓的原產地，便是中國西南的山地森林。在東北海邊的這座動物園當中，小熊貓住在一片天然的山坡上。這裏有幾棵人大腿那麼粗的樹，樹還不矮，上面「結滿」了小熊貓——進食過後，這些小熊貓都爬上了樹，在樹枝之間休息。

人類的步道沒有爬架和樹高，在這樣的環境下，遊客很難干涉到高處的動物。大家想要看到小熊貓，得透過樹枝去找。但小熊貓的可愛是尋找的絕佳獎勵，人類找得很開心。

這座動物園還有特別洋氣的一面。這個感覺，在我遇到一隻白鵜鶘的時候最為強烈。

這隻白鵜鶘看起來特別奇怪。第一眼，我就被牠嘴巴上一塊看起來像是塑膠板的東西給吸引了。仔細一看，這是一對夾板，上着螺絲，固定在上喙上。問了一下飼養員，原來，這隻白鵜鶘的嘴之前斷掉了。園方想辦法找來一個做 3D 打印的公司，建好模，給牠做了這個夾板，把嘴巴給修好了。修好之後，這隻鵜鶘的進食一點問題都沒有。

拿高科技幫助殘疾動物，這可實在是太洋氣了。大連森林動物園的工作人員實在是屬害。而這樣屬害的工作人員在整座動物園當中比比皆是。

再舉個例子，鳥區的鶴類飼養員馮永生也特別棒，對自己的孩子如數家珍，自己的展區收拾得特別現代。在他的管理下，這裏的藍鶴繁殖了。藍鶴是南非的國鳥，在中國動物園裏不太常見。能繁育出一種不太常見的動物，這可十分了不起。

這位飼養員管理的鶴類展區，是全中國最值得看的鶴展區。全世界一共有 15 種鶴，大連有 13 種，分別是丹頂鶴、白枕鶴、蓑羽鶴、灰鶴、灰冠鶴、黑頸鶴、白鶴、白頭鶴、肉垂鶴、沙丘鶴、藍鶴、黑冠鶴、赤頸鶴。這樣的陣容，在中國是妥妥的第一。

又有技術，又有資源，大連森林動物園若能在鶴類的科研和保護上再多下一些工夫，就能收穫更多的尊敬。

3D 打印修好的鳥嘴

蓑羽鶴的籠舍。這樣只有縱向鋼絲，沒有橫向鋼絲的網籠方式，對鳥類更加友好

北方森林動物園

這是全中國省會城市動物園中離市中心最遠的一個。

北方森林動物園的狼

哈爾濱的北方森林動物園，是全中國省會城市動物園中離市中心最遠的一個，開車得走六十多公里。

作為一個東北的動物園，北方森林動物園的狼照例養得非常好。牠們的毛髮都很鮮亮，狀態很活躍，單調重複的刻板行為很少。這一切應該歸功於狼區的地形：這是一片舒緩的小山坡，地面沒有硬化，是泥質的，上面有較茂密的樹林，彷彿就像是東北野外的森林一般。

山坡有溝壑，有較高的乾燥台地，也有灌木叢生的位置能夠給狼羣遮蔽，讓牠們能夠避開人羣的目光，減少壓力。最重要的是，這個展區差不多有大半個足球場那麼大，狼在裏面完全能夠跑得開。原生環境和原生動物是絕配，豐容做起來都省心。

在展區上方，一條金屬步道承載着人羣，這樣的視角雖然還是有點居高臨下，但這些狼很有尊嚴地漠視了圍觀

者，沒有出現同樣場景下熊乞食的糟糕場景。

園內還有一個猛獸散養區，裏面的獅子、老虎也是這麼養的，但沒有狼區這麼出色。無論是東北虎還是孟加拉虎，都是密林中的頂級殺手，生活在這樣的環境裏是合適的。至於獅子，出現在密林當中稍顯違和，但也不至於差。

這座動物園還有一個看點：飼養員的日常科普。我在河馬館外遇到了一位很棒的飼養員。剛看到她的時候，她戴着耳麥，一邊給河馬做着口腔檢查，一邊向遊客介紹自己是在幹甚麼，河馬有甚麼特點，飼養時有甚麼需要注意的。像這樣的介紹，每天有十幾個場館會有。

這位名叫欒晶的飼養員阿姨是個「老資格」，自這個動物園創辦時就在此工作。提到這兩頭小河馬，她是如數家珍：「牠們都兩歲多一點，大的那頭大三個月，

虎展區

吃飯特會搶，所以個頭也大。」欒阿姨特別開心地跟我說：「河馬啊，拉屎時尾巴跟小馬達似的，大的學會了，小的還沒學會，哎哎哎你看拉屎了怎麼不轉呢……」

我去的那天，哈爾濱下了場雨。大概是因為這個原因，河馬的飼料來得比平常晚了一點。欒阿姨怕河馬餓了，在旁邊的草坪上摘了好些野菜，兩個孩子就把臉擱在欄杆上，眼巴巴地望着，簡直就像是等着媽媽做飯的小朋友。

給河馬拔野菜餵食的欒阿姨

長春動植物公園

這是中國第一個徹底關門重修的動物園。

泡澡的虎

水池邊的豹

長春動植物公園曾經創下了中國動物園行業的一個「第一次」：第一次有動物園徹底關門重修。重修花了三年時間，其結果讓人特別滿意。

和其他幾座東北動物園類似，長春動植物公園也有很多借助原有地形、環境設計場館的例子，比方說他們的虎展區，就建在山坡上，依託山地地形，有較為原生的植被，也有水流湧動的水池。

這座動物園還擁有國內動物園中少有的能看的豹展區，飼養着兩頭花豹、一頭黑化花豹，牠們和馬來熊共享着中型猛獸區。豹的籠舍雖然小，但豐容做得很棒。籠舍中的爬架自不必說，中間栽種的矮樹給了豹遮蔽。我連着去這個動物園逛了兩次：頭一次是傍晚，人少，豹們踱步到了籠舍的玻璃幕牆下，非常放鬆；第二天中午，人多了起來，豹們就依靠樹枝獲得了遮蔽。

如果這幾個籠舍多利用一下高層空間，靠着後面的牆建一個平台，讓豹能夠上躥下跳，就會更加完美。

在長春動植物公園的行道樹上，冷不防地會突然冒出來一些動物小雕塑。它們應該是灰泥做的，刷上了彩色油漆，藉着樹上節疤的形狀塑出了外形。這麼創造原材料肯定不貴，但是用的巧思讓人實在高興。動物園的主角肯定是動物，但這些小雕塑創造了許多驚喜，冷不防的一拐角，咦，樹上有個猴兒！有個黑熊看着你！還有老虎！一旦意識到園裏有這樣的雕塑，我就下意識地到處找，簡直跟彩蛋一樣。如果說還有甚麼吸引着我再去一次這座動物園，那就是這些雕塑了。

精巧的小雕塑

西北的動物園

雪豹

西北地區是我這趟中國動物園之旅中造訪的第二個地區。原因和早去東北地區類似，我得趕在天冷之前把這些動物園看完。

從全中國的視角上看，西北地區的動物園都極富地方特色。可能是因為經濟相對落後，也可能是因為地處偏僻，西北動物園中有許多很值得一看的本土動物。這其中就以有蹄類和貓科動物最為特別。往這幾座動物園的相關展區裏一站，立馬就知道自己在哪裏。

但同時，經濟也是制約因素。你能在西北的動物園中看到缺錢、缺人才對整個行業的束縛，也能看到有人在缺錢的時候仍想盡辦法提高動物福利。

西寧野生動物園

這很可能是全中國最有地方特色的一座動物園。

雪豹

雪豹籠舍

西寧野生動物園（簡稱「西野」），又稱青藏高原野生動物園，是西北地方最值得一看的動物園。它很可能是全中國最有地方特色的一座動物園，集中展示了一大批青藏高原原生動物，並把這些本土動物當成了明星。

全園最大的明星動物莫過於雪豹。2016年，西野成功繁殖出了一頭小雪豹「傲雪」，這個小豹子健康地活到了今天。在世界範圍內，雪豹的繁殖不是甚麼難題。但中國的動物園別說繁殖了，養得

好的都少。想在國內看雪豹，西野是最好的選擇。

這裏的雪豹被分在了三處飼養。一處位於比較老的豹舍當中；一處位於兩山之間的雪豹谷裏，這兒遊客只能遠觀，用作隔離繁殖；最後一處位於新修的雪豹館當中。

這座新修的雪豹館遠比舊有的場館要好，展出用的外舍有大約數百平方米，館內綠植、爬架、豐容玩具一應俱全。整個場館高 6 米，雪豹能夠自如地爬上爬下。如果説有甚麼缺陷，那就是上層空間比較簡單，沒有利用好層高：傲雪在地面上的時候，會蹭爬架留下自己的氣味，會像貓一樣玩消防管帶纏成的球，但一爬上側牆的邊沿，就只會來來回回地走來走去。

園內還有一個猛獸散養區，裏面飼養的大型食肉動物讓人看着更舒服。這個區域裏最好玩的莫過於熊展區。

熊展區裏混養有棕熊和亞洲黑熊。棕熊

西藏棕熊

又有兩種：全身淺棕純色的歐洲棕熊，和本地的西藏棕熊。西藏棕熊也叫藏馬熊，特點是肩膀是淺色的。別看牠安靜的時候像一個幾百斤重的傻子，藏馬熊其實是青藏高原上最兇猛的野獸。

在西北出野外，不怕雪豹，不怕狼，不怕猞猁，也不怕黑熊，就怕藏馬熊。這玩意不怕人，人靠近了還會發飆。最誇張的是牠喜歡吃糖，看到沒人的房子或者帳篷就想進去找吃的，然後把裏面搞得一團糟。藏語裏管藏馬熊叫「哲猛」，這個詞可以拿來罵人。

我上次來西野的時候，這裏的熊舍剛做完地面硬化，澆上了水泥。這一塊水泥地面現在還在，它受過不少詰難。在動物園裏，水泥地面通常不是好東西，野外環境裏可沒有水泥，這種材質對不喜歡硬質地面的動物來説不太友好，還會隔絕動物與土地之間的關係，讓喜歡刨土的動物無所適從。

為啥要做硬化呢？棕熊喜歡刨洞。在此之前，這些熊在離建築近的地方挖了一個大洞住了進去，飼養員看到熊不見了，才發現牠們搞了個「違章建築」。於是把熊趕了出來，拉了三卡車土才把

棕熊展區

坑填上。為了保護建築，動物園把靠近熊舍的地面給硬化了。

但以水池為界，另一邊還是土地，熊還是能刨土。我就親眼看到，好好的一塊平地突然冒出了一個熊。聽西野的齊園長（微博名為「圓掌」）説，他們的熊冬天會冬眠。要知道，北京動物園的熊，也只是重修了那座中國第一的熊展區之後才開始冬眠的。

西野的猛獸散養區位於峽谷當中，有一條高高的棧道從中間穿過。這樣的俯視參觀方式視野較為開闊，但較容易讓人產生高高在上的感覺，一旦有人投餵，動物的行為更容易受到影響。但好在西野基本沒有人投餵。一個動物園中的投餵現象嚴不嚴重，看動物就知道了。當遊客走過的時候，西野的獅、虎、狼以及最容易受投餵影響的熊，都完全沒有任何反應，完全沒有靠近或是乞食，自己該幹甚麼就幹甚麼，這很明顯就是沒啥人投餵。

在動物園的大門口，有幾塊已經褪色了的宣傳牌，告訴遊客為甚麼投餵不好。為了治理投餵，西野一方面是堵，絕大部分場館都加裝了雙層網牆、玻璃幕牆、加高加寬的護欄，堵住了投餵的管道；另一方面是疏，除了用各種宣傳方式教育遊客之外，幾年前西野還賣過飼養員調配過的食物，通過可控的投餵滿足遊客投餵的慾望。最難能可貴的是，他們知道就算是園方控制下的投餵也是不好的，這麼做只是一個暫時的過渡狀態。當各種防投餵的硬件做好了之後，他們就把這種可控的投餵也給停了。

西寧野生動物園的宣傳牌

在同一個峽谷當中，還有兩大片鳥類展區。一片飼養着數種鶴、雉雞和孔雀，一片是猛禽谷。我特別喜歡這片猛禽谷，其中散養有金鵰、胡兀鷲、高山兀鷲、禿鷲、鵰鴞和喜鵲這幾種鳥。這個猛禽谷非常大，這些大型猛禽能夠在其中舒展雙翼，在網內飛行。齊園長之前給我講過一個故事：某次地震後，他們接待了一批災區的藏民小朋友。藏族人行天葬，所以他們認為禿鷲是靈魂的使者。這些小朋友進了猛禽山之後，裏面的高山兀鷲突然成羣地飛了起來，在裏面盤旋。這些小朋友覺得是自己家人的靈魂來看他們了，頓時一齊哭了起來。動物園能帶來的影響，有時候是能夠深入人心的。

胡兀鷲

必須要說的是，猛禽混養籠舍還是會對其中的動物帶來一些負面的影響。除了高山兀鷲和禿鷲，籠內其他幾種猛禽更偏好獨自作戰，混養的密度太高，會造成應激甚至是爭鬥。除了動物園之外，西野還有救護中心的副業，鵰鴞這樣的大型猛禽在青海又太常見、太容易被救護到，於是猛禽谷裏的鳥一直很多。希望下一期的改造增加了軟放歸功能之後能解決這個問題。

西野的另一個明星物種是兔猻。

兔猻

兔猻是中國原產的小型貓科動物，生活在苦寒的高原上，因此有一身厚厚的長毛，讓牠看起來特別圓。和很多小型貓科動物不一樣，兔猻的瞳孔是圓形的，這又讓牠看起來沒那麼兇，平添了一份呆氣。這樣的外表，真是天生的網紅氣質。

想看兔猻，你就得碰碰運氣。要知道，「猻爺」這樣的小型猛獸，想要在野外存活就得小心翼翼，所以在大白天牠們可不一定會甚麼時候到外舍裏來。所以，去小貓館的時候一定要安靜，看到牠們也別興奮得手舞足蹈。沒看到的話，就多去幾次。尤其是在下午下班的時間，會更容易看到。

剛才說的都是掠食者，我們再來看看常被人忽視的食草動物。西寧野生動物園的食草動物以青藏高原特有物種為主，收集了普氏原羚、岩羊、白脣鹿、馬鹿、藏野驢等本地特有物種。其中最稀罕的是普氏原羚。

普氏原羚又稱中華對角羚，看牠的角，角尖相對，對角是也。這個物種僅生活在環青海湖區域，數量極其稀少，是青海最罕見的本土物種，沒有之一。牠們本來會在青海湖四周自由遷移，但近些年越來越多的牧民用圍欄圈定了各家的牧場，這對牧業生產有好處，但會對野生動物帶來大影響。像普氏原羚這樣不

普氏原羚

善跳高的動物就倒霉了。

西野應該還有三頭普氏原羚，養在三個獨立的籠舍當中。牠們都是雄性，這非常可惜。如果能和青海其他的保護單位交換到雌性，繁育出一個小種羣，那無論是對園內的科普教育還是物種保護來說，都會是個大好事。

草食區裏的岩羊，是我在中國動物園中見過最好看的一羣岩羊。羣中的大公羊角有一米多長，特別華麗。我很喜歡這個物種，但一直對牠的英文名「Blue Sheep」十分不解。我曾當面問過喬治‧夏勒老爺子「岩羊哪兒藍了」這個問題，他回答我説：「那是藍灰啊，你看不出來嗎？」好吧，如果不是我這雙眼睛太過於遲鈍，就是東西方在顏色名字上真有差異。

岩羊的假山

岩羊是一種特別擅長攀岩的動物，給牠們一片岩壁，牠們就能展示出雜技一般的攀岩動作，不信咱們看看瀋陽森林動物園和大連森林動物園，這兩個動物園都給岩羊佈置了高高的假山。

西野給岩羊佈置的假山，就讓人十分心疼了：這個假山，才兩頭羊高……

岩羊

從籠舍內的其他設施上看，這裏的飼養員不能不說是盡心盡力。為了給岩羊攀爬的機會，他們拿竹竿子搭了一個爬架；還在樹枝上懸掛了一截粗木棍，大概是用來給岩羊撞着玩的。這裏的岩羊狀態也很好，不時有繁殖。這就讓這座小小的假山，呈現出一股「爸爸盡力了但實在買不起」的悲傷。堆假山的石頭不用花錢，出去撿就行。但運石頭的車、搬運的起重機、建造需要的土木工程，都需要一筆說多不多說少不少的花費，沒錢就是沒辦法。（本書出版時假山的問題已經解決。）

缺錢缺人的問題，在自然教育上也特別明顯。

西寧野生動物園的宣傳牌

西寧野生動物園在宣傳動物中的明星個體，這在全中國的動物園裏都不太常見。在雪豹的地盤上，有非常詳細的宣傳牌，仔細地介紹了每一頭雪豹的名字、身世、行為特徵。在網上，西野的這些雪豹明星擁有很多粉絲，不少人從外地慕名而來，就為了看看牠們，就像是追星一樣。

這樣突顯明星個體的宣傳方法，是一種非常好的自然教育。適合展示的個體，會比一個物種更有個性，更容易拉近人和動物之間的關係，讓受眾更樂意去了解動物。有了明星個體，也更容易吸引更多的遊客；另一方面，有了粉絲的動物，也會倒逼着飼養員更加上心。從哪一方面看都是好事。

但這樣有趣又活潑的自然教育並沒有在整座動物園裏鋪陳開來。罕有其他動物享受到了這樣的待遇。如果有錢有人力，這樣的理念能讓西野的自然教育再上好幾個台階。

兔猻身邊的蹭毛器就是遊客捐的

西野的好，很多人看在眼裏。不少遊客給它捐獻了很多物品。像上圖中猻爺身邊的蹭毛器，就是一位遊客捐獻的。其實大家捐的東西也都不是甚麼大件，小的有貓爬架、蹭毛器，大一點的有木板、輪胎，但眾人源源不斷的愛意，讓整座動物園變得更有人情味，更加溫暖了。

天山野生動物園

這是全中國最大的動物園，其優點和缺點都過於突出。

天山野生動物園是一個優點和缺點都過於突出的動物園。這個動物園極大，比北京動物園所在的西城區還大上不少，是當之無愧的全中國最大動物園。園中絕大部分地區保留了當年牧場的環境，許多展出的動物放養其間，呈現半野生的狀態。如果有個熟悉新疆野生動物的朋友開車帶你進去逛，那感覺不像逛動物園，而是出了次野外；但另一方面，天山野生動物園的籠養區存在很多缺陷，很多動物養得相當不合理。

天山野生動物園中最好看的展區，莫過於食草動物散養區。

在成為動物園之前，這個地方曾經是天山牧場——養羊的地方，本身是一大片草場。園內園外，有水的地方就是一幅塞上江南的景致，沒水的地方就是稀草黃沙。

有這樣的地理環境，如果能因地制宜，多散養一些本土動物，那自然再好不過了。他們也的確這麼做了，園內有一個高山動物區和一個荒漠動物區，是整個動物園的精華。

這兩個區域都是食草動物散養區。在這裏，你能看到普氏野馬悠悠吃草，蒙古野驢在山頭發呆，高山兀鷲在牠們頭上盤旋，偶爾金鵰、胡兀鷲或是隼也會在某個山頭上飛過，驚動一羣羣小鳥。

食草動物散養區

普氏野馬

鵝喉羚

這裏有草原。草原當中，一叢叢的芨芨草鋪滿了地面。大頭、黑腿的普氏野馬就徘徊在這樣的高草地當中。為了讓遊客能看到牠們，飼養員投食料的地方離道路較近。這些普氏野馬也不怎麼怕人，非常淡定。

但當人路過的時候，高草地當中偶爾會驚出幾隻黃色的動物，一路小跑奔到旁邊的山上，臥在一個個的小坑裏。那是歐洲盤羊，外來引入的物種。這種羊的雄性有大角，背上有大白斑。

其實，中國有自己的亞洲盤羊，但很少有動物園養。在中國的動物園裏，亞洲盤羊和歐洲盤羊正在重複綠孔雀和藍孔雀的故事：本土物種消失不見，外來物種鵲巢鳩佔。

鵝喉羚是草場中最怕人的大型動物。這一次，我看到了三頭。看到我們慢慢靠

歐洲盤羊

近，鵝喉羚轉身慢走，露出了白色的屁股，不時回頭觀察。

這裏還養了一些外來的動物，比方說大羊駝。大羊駝來自南美的高原，原產地的環境和新疆的頗為類似。如此在山間遊蕩的大羊駝，讓人恍惚之間彷彿來到了安第斯山脈當中，簡直魔幻。

散養區的深處，是高山動物區。這裏有泉眼，冒出的清水匯成溪流，造就了一

片水草豐美的小河灘。河灘上生活着馬鹿、梅花鹿，在更高的岩石上，有北山羊在攀登，這些北山羊難說是野生的還是動物園飼養的。

天山野生動物園我去過兩次，一次是2017年夏天，一次是2018年秋天。夏天那一次，我逛到了高山動物區。但後一次，高山動物區封鎖了。問了一下，才知道在2018年夏天，烏魯木齊出現了一次比較反常的大暴雨，導致山洪暴發。所以，高山動物區才不讓進。

折向籠養動物區，兩側的山谷上有一片灌木林。突然一個身影晃動了一下——一小羣帶崽的馬鹿，看到我們居然發現了牠們，這些大傢伙有點慌，向兩邊的森林裏散去。馬鹿喜歡山林，這裏有山，但缺乏喬木林，不過至少灌木林也能提供許多安慰。

帶着崽的動物總能給人希望。

馬鹿

要在天山野生動物園的散養區裏逛得爽，自駕是必不可缺的。這裏的動物們雖然不像純野生動物那樣看到人就跑，但也不會離人太近，所以一定要帶個望遠鏡。在這樣的園區裏，如果有個懂本地動物的人帶着看，會非常過癮。

可惜的是，這片區域內幾乎沒有設置任何的科普教育信息，這是一個巨大的缺陷。

大羊駝

狼

天山野生動物園的籠養區卻是壞多好少。這兒有養得不錯的天山狼，也有生活環境還算不錯的雪豹和黑豹。其他的部分多讓人難忍。最讓人難忍的，是這座動物園的黑猩猩館。就是在這裏，有全中國唯二的倭猩猩。

天山野生動物園和常州淹城野生動物園各有一隻倭猩猩。巧合的是，他們都是把倭猩猩當成黑猩猩買回來的，而且過了好久才知道自己撿到便宜。

新疆的這隻應該是 2014 年和兩隻雌性黑猩猩一起來的天山野生動物園，現在園方應該知道牠的身分了，但依舊和黑猩猩養在一起，而且沒有設置任何說明

身分的標識、展板。這個個體的個頭明顯比另外兩個黑猩猩小，要小大約四分之一到三分之一的樣子。

怎麼區分倭猩猩和黑猩猩呢？看臉。倭

倭猩猩

「老流氓」加庫

猩猩的頭毛很長，而且明顯是中分。牠們從小到大臉都是全黑的，而黑猩猩小時候是淺色，嘴脣也不一樣，倭猩猩的是粉色的。

天山野生動物園的猩猩館一直有槽點。他們有一頭雄性黑猩猩叫加庫，是個抽煙喝酒樣樣會的「流氓」。2017 年我去的時候，牠腳下就有一堆煙頭，還有遊客在給牠煙。很多年前，就有加庫抽煙的新聞了。2018 年前段時間，倭猩猩和其他幾頭雌性黑猩猩也學會抽煙了。

在一些媒體和大量網友的聲討下，天山野生動物園道歉了，並承諾整頓和改進。這一次我去的時候，終於沒再看到牠們抽煙了。內舍玻璃上的縫隙，也被小心地填了起來。這事兒做得不錯。

沒想到一出門，猩猩館的牆上有這麼一幅水泥畫⋯⋯理念的落後，有時候真的會限制一個動物園的高度。

讓人憤怒的裝飾

秦嶺野生動物園

這裏有山有水，地方足夠大，很有潛力。

秦嶺野生動物園處在一塊風水寶地上，有山有水，地方足夠大，很有潛力。園內的食草動物放養區中有巨大的種羣，園方最為驕傲。

這個展區分成亞洲區和非洲區兩個部分。亞洲區展示的動物以白脣鹿、馬鹿、梅花鹿、黇鹿之類的鹿為主，兼顧羚牛、蒙古野驢之類的動物；非洲區則以角馬、斑馬、多種羚羊為核心。這兩個區域都頗為巨大，土地中原有的起伏溝壑都保留着，地形的多樣性較豐富。裏面飼養的動物也很多，看着一羣又一羣的食草動物在其中漫步，頗有震撼之感。

想要到這個巨大的散養區中參觀，就得乘坐動物園內的大巴車。問題就來了：好一輛大巴車，在展區內風馳電掣，沿着道路飛奔。兩個食草動物展區，再加上獅子、老虎、熊、狼的猛獸散養區，20 分鐘就奔完了，完全都不帶停的。

角馬

大巴車上有自動播放的科普講解錄音。但從這個錄音來説，它的品質不錯，條理清晰，信息量也足。但問題是，錄音是自動播放的，車外的野獸是自由漫步的，在兩個食草動物散養區內，錄音介紹的物種很難和車窗外的物種對應上。如果車裏做介紹的是真人，看着窗外的物種介紹，或是看到甚麼動物選擇相關的解説，就不會出現這樣的問題。

銀川動物園

最值得看的是草食動物區，亞洲盤羊、岩羊、馬鹿最稀罕。

銀川動物園和蘭州動物園是兩座傳統的中國城市動物園，園子的設計理念和飼養方式，都相對較老。如果要守在城市裏，就必須通過一些豐容手段來彌補籠舍的舊和小，通過提升管理和飼養水平在螺螄殼裏做道場。這並非做不到。

但就在這兩座動物園中，也還是有一些亮點。

銀川動物園中最值得看的是草食動物區。這裏飼養有六七種大型食草動物，

其中，亞洲盤羊、岩羊、馬鹿最稀罕。

亞洲盤羊是一種無論在野外還是動物園裏都不太常見的羊，從外形上看，頭很大，雄性的大角異常威武。盤羊貴為國家二級保護動物，在中國的野外數量不多。在中國動物園當中，可能也就三四家擁有亞洲盤羊。但如果你去查一查「盤羊」，會發現好多地方有，繁育得還不錯，這是怎麼一回事？引入了不同種的歐洲盤羊唄。

賀蘭山岩羊

亞洲盤羊

阿拉善馬鹿幼崽

這裏的岩羊是賀蘭山岩羊，馬鹿是阿拉善馬鹿，都是分佈區域不那麼大的本地亞種，在別的動物園較難看到。有這三個物種打底，銀川動物園的草食動物區極具地方特色，對於專業的動物愛好者來說頗有魅力。但對於一般人來說，可能未必那麼特殊。

草食區的這六七個物種繁殖都不錯，基本都帶着崽。但受限於場館水平，牠們的行為都並不豐富。再加上地面也不算很合適，盤羊等幾個種的蹄甲明顯過長了。

銀川動物園的場館設計、豐容都較差。但最糟糕的地方在於這些籠舍都在 2016 年重新修過一遍，沒想到修完還是有種二三十年前的感覺。就在這些光禿禿的籠舍當中，狐獴的籠舍異常顯眼。這個籠舍有豐容，而且做得相當不錯。只看到籠舍下方鋪了幾十厘米厚的一層沙，沙中埋藏了幾根居民樓下水道用的 PVC 管，當作狐獴的行走通道。這樣的豐容，明顯動了巧心，而且成本肯定不高，因地制宜，頗有特色。銀川動物園的飼養員裏有高手！

豐容的結果呢？狐獴的行為非常自然。有的個體在挖沙，有的個體在 PVC 管道裏鑽來鑽去，有一個站在沙地唯一的制高點上，立起身子當哨兵。這就是狐獴的自然行為啊！

狐獴的沙地

蘭州動物園

這是一座擁有數種國家一級保護動物的老派動物園。

蘭州動物園裏有數種國家一級保護動物值得一看，其中之一便是大鴇。別看大鴇像個火雞似的，牠們其實是廣義上的鶴。大鴇的雌雄差異較大：雄的個頭較大，可達十多公斤，堪稱最肥重飛鳥；而雌鳥個頭較小，才重四到五公斤。

大鴇在春季最好看。那時，牠們會遷徙到繁殖地，雄性會生出繁殖羽，異常之華麗。幾個雄性個體之間，也會發生激烈的媲美、戰鬥，來贏取繁殖的機會。

蘭州動物園最值得一看的動物類羣是有蹄類。這裏的西北有蹄類集得比較齊，光是國家一級保護動物（簡稱「國一」）就有北山羊、羚牛、白脣鹿、西藏野驢、蒙古野驢，梅花鹿也是國一。看紀錄，這裏還養過斑羚，但我去的時候沒有看到，不知是不是不在了。

但這些動物園對有蹄類的自然教育、飼

北山羊

養展示都有不足，甚至是很大的不足。蘭州動物園是一個老派的動物園，其籠舍基本都是老式的鐵欄杆、硬地面、小籠舍，條件相當有限，標牌也就寫了名字和簡單的介紹，完全沒有辦法讓遊客體會到這些動物的神奇和珍貴。

蘭州動物園似乎對自己的羚牛頗為重視，用了好幾個場館來飼養，聽說這裏的羚牛繁育做得還不錯。這些羚牛看起來都膀大腰圓，毛色鮮亮，說健康吧還是挺健康的。但請看右頁圖中這頭伸懶腰的羚牛，看牠的蹄子。這頭羚牛的蹄甲都太長了，尤其是左前腿。

地面軟硬不合適、動物運動量不夠，都會導致蹄甲的磨損過慢，長得太長。這個結構就相當於我們人類的鞋，太長就不合腳，運動起來就難受，進而會進入

大鴇

惡性循環。可以說，蹄甲正不正常，是動物園裏有蹄類尤其是牛科動物養得好不好的標誌之一。

蘭州動物園裏養得最差的莫過於中型猛獸。這裏有豹、黑化美洲豹、斑鬣狗、狼，曾經還有猞猁，但都關在老式的狹小鐵籠當中。籠舍太小、環境單調，動物的行為就單調。全開放的鐵籠，加

鐵籠中的豹

蹄甲過長的羚牛

上了密集的鐵絲網，來保護遊客兼防投餵，卻無法擋住部分遊客的吼叫、干擾，這會讓動物們緊張。

這不由得讓我想起了奧地利詩人里爾克的詩作《豹》（譯者：馮至）：

> 牠的目光被那走不完的鐵欄，
> 纏得這般疲倦，甚麼也不能收留。

> 牠好像只有千條的鐵欄杆，
> 千條的鐵欄後便沒有宇宙。

> 強韌的腳步邁着柔軟的步容，
> 步容在這極小的圈中旋轉，
> 彷彿力之舞圍繞着一個中心，
> 在中心一個偉大的意志昏眩。

> 只有時眼簾無聲地撩起。
> 於是有一幅圖像浸入，
> 通過四肢緊張的靜寂，
> 在心中化為烏有。

這簡直就是我在此地看到的場景。

這首詩是 1903 年里爾克在巴黎植物園中的所見。一百多年過去了，西方的動物園早已發展為現代動物園，詩中場景再難見到。但在我們這裏，許多動物園的籠舍依舊是這樣。好在近些年，國內一些動物園已經開始覺醒，開始摒棄老一套。更多富裕了的中國人出了國，看到了許多國外的優秀動物園，見到好的展區是甚麼樣的。這樣的老一套，會漸漸被越來越多的中國人抨擊和抵制。

老式的動物園們，也得為自己想一想未來該如何了。

華北的動物園

猴媽和寶寶們

在我 2018 年的中國動物園之旅中，華北地區是遺憾最多的地方：太原動物園關門翻新，導致山西成了我唯一漏掉沒去的省份；內蒙的呼和浩特大青山野生動物園猛獸區在維修，導致我也只去了一半。所以，在這本書的上一個版本中，缺失了這部分內容。好在，這些地方終於還是開門見客了。因此，在 2021 年的這一次小更新中，我加入了這兩座動物園的補充，特此說明。

另外，北京動物園已經在前文中有較為詳盡的介紹了，此部分也按過不表。

天津動物園

這座動物園的大興土木是一場改革，從改好的部分看其實相當不錯。

不算北京動物園，華北地區水平最高的動物園是剛翻新過的天津動物園。

五六年前我去過一次天津動物園，當時我對這個園印象很不好。那是一個料峭的初春，怕冷的動物被關在陰暗、狹小、無聊的內舍，只見一頭大象在瘋狂地搖頭，牠對面的幾個小孩看了興奮不已，照着相同的頻率搖自己的腦袋。但這樣的場景，在更新之後幾乎消失了。

加大，是這場翻新的核心之一。和我一起參觀的是天津人「夜來香」老師，他也是一位動物園愛好者，不時會來天津動物園。據他觀察，很多場館的外舍向外擴了一兩米，留了更多區域給動物。這很明顯是以動物為本的好舉措。

當然，更新──肯定不能只是大而已。天津動物園的一些新場館，有不少很機

真大雨老師的草圖

敏的小設計。我們來看大象新外場中的這一根柱子，這可不是一般的木樁子。

咱們甭管哪種動物，皮都會癢癢。大象沒有手可以撓，鼻子也碰不到後半邊身體，怎麼辦呢？在野外，找棵樹來蹭蹭就可以了。但在動物園裏，這可就麻煩了。你見過大象的場館裏有樹麼？我反正沒怎麼見過。因為就算一開始有樹，也馬上會被推土機一樣的大象給毀掉。大象每天對着一棵樹蹭，北美巨杉也能給蹭死了。

那能不能用水泥樁代替？可以是可以，但水泥樁子冷冰冰的，蹭起來還沒有彈性，和樹完全不一樣，那大象就不爽，也不自然。所以，北京動物園的真大雨老師和其團隊，設計、製造了一種能夠

象展區

模擬樹，又方便維修、更換的癢癢撓。它的基部是一個堅固的凹槽，裏面嵌入了數個輪胎，樹幹就插在輪胎裏面，然後做好固定防止它被拔出來。大象蹭上去，這個癢癢撓就會像（要被搖死了的）真樹一樣晃動。

實踐證明，大象還是很愛這個癢癢撓的。

這次能在天津動物園裏看到一個相同設計的癢癢撓，實在是非常欣慰，期待之後能看到大象拿它開心開心。新的場館如果沒有新的設計來提升動物福利，那比修舊如舊好不了太多，實在是沒有甚麼意義。大家如果對這個癢癢撓有興趣，可以仔細看看它的設計和建造有多暖心。

天津動物園的大中型食草動物場館，已經基本改造完畢了。大象、河馬的新外舍在進行最後的施工，長頸鹿、犀牛已經在新操場上興奮地跑來跑去。尤其要説説新的犀牛外場，這個外場加大了面積，讓犀牛能夠撒腿跑步，還通過某種方式讓外場的一個角落淤積了水，形成了一角爛泥潭，但其他的部分還是乾燥的。這樣，喜歡滾爛泥的犀牛又能滾到

爛泥，又能在乾燥的區域興奮地跑來跑去。這樣的場館，不但能讓我們看到物種，還能仔細觀察動物的自然行為，這才有意思。

但相比這些大型動物的外場，我更喜歡天津動物園改造好不久的小型動物區。

大概是因為場館不用做那麼大，這個區域看起來精巧得多。就拿狐獴的展區來説吧，這個小展區就幾十平方米，地面是鬆軟、乾燥的泥土，內部有不少灌木叢和特意種植的低矮植物，但密度又不是特別高。這樣的環境，頗為適合丁滿（電影《獅子王》中的一隻狐獴）們的生活。

狐獴最有意思的還是牠們的社交。這種羣居動物，喜好打洞刨土，一大家子生活在地下，但又會到地面上進食。在天津動物園的這個狐獴展區，你可以看到一大羣狐獴正在急急忙忙、心焦火燎地跑來跑去或者在打洞，然後有幾隻立起身子，觀察周圍是否有敵人——這是羣體裏的哨兵。

天津動物園的狐獴剛剛繁殖，好幾隻巴

白犀牛

狐獴幼崽

正在觀察四周的狐獴

掌大的小傢伙也跟出巢，急急忙忙、心焦火燎地撥動土。然而，牠們稚嫩的小爪子沒有甚麼力氣，怎麼撥動都沒啥效果，但又本能地要撥動，小小年紀就在準備接過生活的重擔，十分努力呢。

天津動物園的狐獴沒有甚麼天敵，畢竟城市裏猛禽不多，這片區域也沒有大羣的烏鴉。說到烏鴉，牠們和各種鷺，都是中國北方動物園內的惡霸。這些兇猛的野鳥，常常會去捕捉動物園裏小型動物的幼崽，或者搶飼養員放出去的食物，真是氣人……

但這麼好的一個狐獴籠舍，卻有一個巨大的漏洞：玻璃幕牆太矮了，上面還沒有頂。這就會導致一個極其糟糕的結果——投餵。如此場景，我不描述，你們應該也能想像得到。

還好狐獴的展區是小型動物區的一個特例，其他的展區有頂。在這片區域內，你可以看到耳廓狐等動物園裏常見的動物，還能見到臭鼬、長耳豚鼠這樣稍顯

長耳豚鼠

少見的傢伙。就拿這種豚鼠來說吧，美洲大陸有蹄類比較少，所以齧齒類佔領了牠們空下來的生態位，有不少大型化的物種。長耳豚鼠比兔子大上不少，耳朵長、腿長能奔跑，可以說是潘帕斯高原上的小型「一個驢」。

一個秋日，我在天津動物園裏看到了不少幼崽。在靈長動物區中，有一隻剛剛變色的小白頰長臂猿。

看，就是下面這個小傢伙。白頰長臂猿所屬的冠長臂猿屬動物，有很穩定的變色機制——這種變色不是變色龍那樣隨環境的變化快速變色，而是隨着年齡增長而改變。剛生下來的時候，牠們是淺黃色的，長大了一點會變成黑色，如果是雄性就一直黑下去，雌性在性成熟時會變成淺褐色。這個小傢伙剛剛由黃轉黑，你看牠的腦袋毛，還有一部分是黃色的。

天津動物園的長臂猿展區不大，但設計得很巧，內部有密集的小樹增添了綠意，而複雜的爬架和籠頂垂下的繩索又能讓長臂猿展示林間攀盪的絕技。我在入園的時候，遠遠聽到了牠們的歌聲，這些小傢伙應該過得不錯。

天津動物園的大興土木是一場改革，從改好的部分看其實相當不錯，希望不要停。另外，動物園的改造不光涉及硬件，還需要軟件的提升。在這方面，天津動物園也需要多努力。

變色中的長臂猿幼崽和媽媽

石家莊動物園

這座動物園雅號「國際莊」，有不少特別洋氣、特別國際的地方。

豺

河北的石家莊，雅號「國際莊」。那裏的石家莊動物園，也有不少特別洋氣、特別國際的地方。

石家莊動物園最優秀的地方是它展示的物種——它的頭牌是豺。

之前在好幾個動物園的介紹裏，我都説過豺的事兒。但只有到了石家莊動物園，我才算是把豺給拍過癮了。這裏的豺舍位於獅虎谷當中，是一片巨大的谷地。豺們擁有一整面山坡，山坡中綠樹成蔭，地形起伏，寬數百米。但是矯健

豺

的豺，只需要十幾秒就可以飛奔上山，橫穿展區。站在廊道上的我都跟不上。

2018 年年初的時候，石家莊動物園曾公佈過一個數字：他們擁有整整 16 隻豺，並且還在繁殖。從各方匯聚的數量上看，這是全中國動物園中最大的一個豺羣。豺作為「豺狼虎豹」之首，曾在全中國都很常見。但隨着人類的數量越來越多，豺的生存現狀越來越差，他們現在遠比狼更稀有。全中國的野外，大概只有甘肅和雲南還有一些野生豺。就算是動物園，大概也只有十個左右的動物園擁有豺了，並且大多只有零星一兩隻，狀態也不好。

去之前，我曾異常期待這裏的大豺羣，想在山谷當中看到牠們歡鬧。來了之後，才發現對外展出的豺並不多，我只在山谷中看到了三隻，其他的應該在後台安心繁殖，於是大失所望。但饒是如此，這裏的豺，可能依舊是全國最適合看的。

豺這種動物非常「絮叨」，牠們是犬科動物當中語言演化得最豐富的一個物種。牠們能用至少十種類型的叫聲彼此溝通。更好玩的是，豺的叫聲有點像鳥叫──並且有時候像嚶嚶嚶的小鳴禽，有時候嘎嘎嘎起來像粗獷潑辣的犀鳥，多樣性極高。

我在石家莊動物園裏聽到的叫聲種類只有一點，不多。等了一個多小時，聽到了牠們咕咕咕地叫，非常有趣，如果不是看到牠們在叫，我還真以為會是隻鳥。

石家莊動物園展示的這幾隻豺，似乎都不是最強壯的個體。牠們的尾巴都受了嚴重的傷，有一隻徹底沒有了，體側還有傷口。我猜，這幾個個體大概是沒法做繁殖的老弱病殘，只好放在展區裏給遊客看？可能正是因為這個原因，這幾個個體的行為也不算豐富，甚至有一隻不停地繞圈追自己（殘缺）的尾巴，似乎是有過心理創傷。

豺的另一個看點是牠們超強的跳躍能力。我曾在微博上發過一段影片，北京動物園的豺看到飼養員要投食了，興奮地在籠子角的牆壁上跳來跳去，跟飛躍道（Parkour）一般。石家莊的豺展區有山地，有石頭，只要願意等，就可以看到牠們矯健的身姿。不過我去的時候水池沒有放水，沒有看到豺游泳。

石家莊動物園內還有一大類國內動物園很少展出的動物，那就是——昆蟲。

科普館中的昆蟲標本

石家莊動物園的科普館中，有一個特別系統的昆蟲展。這個展似乎是以昆蟲學教材為根骨，利用圖片和文字輔以標本，標本的量還不少，分門別類地介紹了各種昆蟲。標本中有很多來自河北大學，應該是兩家單位合作做出的展覽。

當你真的見識到了昆蟲的神奇，對牠們的恐懼便會一點點消失。就說左面這一種，「黃裳薄翅悲蠟蟬」，這個名字像一句詩，樣子也像蝴蝶一樣好看。是的，蟬這一類昆蟲的多樣性很高，有不少種類特別美麗。

無論按種類還是生物量，蟲子都遠大於鳥獸。許多動物園忽略了蟲子的做法其實非常糟糕。國際莊不愧為國際莊，展昆蟲這事兒做得特別國際。

石家莊動物園物種的不俗，彌漫在許多展區中，大家去的時候，不妨拿它和一些野生動物園進行比較，找一找不同。

大青山野生動物園

這座動物園佔地 820 公頃，號稱華北最大的野生動物園。

大青山野生動物園開闊的場地

呼和浩特的大青山野生動物園佔地 820 公頃，號稱華北最大的野生動物園。

按一般動物園的規劃，大青山野生動物園還在開放的這個區域是籠養區。進去沒多久，我就看到這樣一個籠舍：外場巨大，有近千平。場內有水池，有草地，有爬架，有小樹。這要擱別的動物園，是個可以養猩猩的配置。

那麼，這裏養着甚麼動物呢？

浣熊

浣……浣熊？

是的，這麼大地方，養着浣熊。大青山野生動物園佔地 820 公頃，有差不多十個北京動物園那麼大。這個大小在全國範圍內其實也不算特別誇張。但逛完這一圈，我發現這地方大得厲害，因為絕大多數場館，都像上面這座浣熊館一樣，比國內一般動物園要大上一兩圈。要知道，地拿到手就不花錢了，建場館是要花錢的，越大越貴。所以有些佔地面積巨大的動物園，反而不太捨得把場館做大。

猴山

場館單純地做大也容易，能否做得巧？我們來看看大青山野生動物園的猴山吧。

大青山野生動物園為獮猴和藏酋猴建造了幾座大型猴山。最高的一座應該有十多米高，佔地上千平方米。山下有巨大的運動場，場裏有爬架、豐容玩具。活

動場和人行道之間是一堵玻璃幕牆，幕牆稍顯不夠高，沒法完全擋住投餵。而猴子們就住在山的四周，有的猴比較活躍，在山石上來來回回跑着玩。

那麼，這麼大一座猴山，是實心的嗎？不是，是空心的，裏面還有用。

中空猴山內部的標本

藏酋猴

兩座大山，一座的內部是猴子的內舍，另一座內部是標本室。人們通過透明的玻璃步道進入猴山，一路上可以看到活動場裏的猴、山上的猴、內舍的猴和標本室。這樣的遊覽方式頗為有趣。

地方大就是好。

地方大確實是好。我在這兒看了半天猴子：普通的獼猴家族繁盛，許多母猴帶着崽。牠們玩得特別瘋，在場地內跑過來跑過去，看着特別熱鬧。

另一邊的藏酋猴，個頭大，似乎心也寬，行為恬靜許多。幾隻壯碩的公猴端坐在假山上，看起來是猴王及其隨從。其中一隻上脣裂開了一個口子，不知是天生的還是打架打的。這個個體身形極壯，毛髮特別蓬鬆。很多靈長類在羣體裏佔據有利的地位後，毛髮都會在大腦或是激素的控制下立起來，讓自己看起來更大個。這個個體就應是如此。

突然有個不講規矩的人扔了個果子進運動場，山下的猴子搶得打起來。山上的大公猴們迅速又小心地爬下了山，瞪了幾眼，迅速恢復了秩序。這樣的行為多有趣。

大青山野生動物園籠養區的籠舍足夠大，也有一些比較巧妙的設計。但如果仔細一看，有些細節還是有點粗糙。

舉個例子，這裏的小型食肉動物區陣容比較好看。按展示牌上的信息來算，這裏有沙狐、赤狐、北極狐、果子狸、豬獾。其中，沙狐算是在中國動物園裏很難見到的物種。

但是仔細一看呢，這個「沙狐」好像不是很對。沙狐這種狐狸，生活在草原和半沙漠的環境裏，體色比較淺，腿比較短。這個個體的照片，我發到一個專家羣裏之後，大家偏向於認為是赤狐，頂多算有沙狐的血統。

赤狐

狐狸的籠舍

但牠還是很好看，啊，狐狸都很好看。

但牠們的籠舍就不夠好看了。這幾個籠舍的基礎很好，雖然不像浣熊展區那樣大得過分，但依舊比一般動物園養狐狸的地方大，還是沙土地面，幾種小型食肉動物都可以隨便刨。但是，這幾個籠舍都是四面透光、中無遮擋。這樣的小型獵食者內心都比較敏感，這樣開闊的視線會讓牠們躲無可躲，心理壓力就大。心理壓力一大，身體和行為就會不太正常。

要解決這個問題也很簡單，中間栽一點植物，或者用樹枝、木頭搭成一堆，再往裏面撒上種子，做成本傑士堆[1]，就能解決問題。原有的籠舍大，再豐容的餘地也就大。所以地方大真是好。

2020 年的 10 月，我再一次前往大青山野生動物園。這一次，他們的猛獸區終於開放了。逛了這個展區，我的第一感覺還是大。

有多大呢？我們來感受一下這座動物園的狼展區。

---

[1] 本傑士堆是一種豐容工具。它看起來是一堆石頭或是樹枝，但又不僅是如此。對於籠舍裏的大型動物來說，本傑士堆可以作為遮蔽物，避開遊人的直視；同時，它又可以給堆內的植物乃至小型野生動物（例如鳥和鼠）提供遮蔽。可以說，本傑士堆不是死的木石堆，而是一個有生命的小生態。

狼

大青山的猛獸區在園區深處的山上，佔了一個山頭兩個山谷。要上山，就得走棧道。上了棧道的第一個展區，就是狼展區。曲曲折折有個小一百米的棧道兩側，各向山谷延伸了二三十米，兩側都是土坡，土坡上有的地方是禿的，有的地方有石頭，有的地方有灌木，有的地方有樹林。這地方不光大，豐富程度還很不錯。

大約十隻的一羣狼，就在這個小山谷裏四處奔跑、玩耍。不同的地形，牠們呈現出來完全不一樣的狀態。茂盛的樹林，可以給狼提供遮蔽；灌木叢中長着不少沙棗樹，這季節正是成熟時期，不知道狼吃不吃；山坡上的石頭，狼就得想辦法跳躍或是攀爬上去；光禿禿的土坡，也不是白給，很多地方，有狼自己

打的洞。狼就是愛打洞，打完自己能待進去。

如果地方足夠大，很多缺點就會被掩蓋。這片展區裏有放豐容玩具嗎？沒有，也不需要，這麼大這麼豐富的環境，狼自己會給自己找事兒做。展區裏的科普做得好嗎？不好，連牌子都基本看不到。但是，如此環境下狼的豐富行為，就足夠人好好看一陣了。

甚至投餵，也都因為地方足夠大，而沒有那麼大的影響。

還是得說下投餵的事兒，這其實是棧道造成的。

我不是很喜歡動物展區上空凌空而過的

棧道。在我看來，這種遊覽方式有三個問題：1.高高凌駕於動物之上，容易讓人心生傲慢；2.如果僅有上方這一個參觀面，那參觀角度是有問題的，只能看個背，並不利於觀察；3.棧道的投餵問題很麻煩。

大青山的整個猛獸區，這三個問題都有。第一個問題不說了。第二個問題有點兒嚴重。要解決參觀角度單調的問題，可以在棧道上設一個下沉的參觀位點，大青山的棧道上我只看到一個，下去後視野非常差，周圍一圈兒柱子，玻璃也不乾淨，沒法看。還好這兒的山高高低低，還能提供一點平視的角度。至於第三個問題，可以通過把棧道徹底封閉起來，以不給人投餵的機會來解決。大青山的棧道是全開放的。我觀察了一下，棧道附近的垃圾還是不少，說明扔東西的人還是有。

不過，我倒是沒觀察到各種動物來乞食，這大概還是和地方大有關。

地方大，可以無限大下去嗎？當然不可能。太太了沒法管理，也對遊客參觀不

老虎

利，並且還需要錢來建啊是不是。大，總是有個頭的。大青山的虎展區，看起來就是大到頭了。

是個甚麼狀況呢？這裏的虎展區，不比狼展區小。但問題是，虎比狼大很多，還不是羣居，如果一大羣一起養，很容易出問題。我數了數，大青山放在外面展的老虎，大概有六七頭。這些老虎應該是分成了兩組，輪流到大展區來生活。沒輪到的那一組，當天就只能待在小展區裏了。

小展區是真不夠大，也很不豐富，動物在裏面那個無所事事呀……

比較糟心的是，儘管這個虎的大展區比較大，但其中生活的兩頭老虎，還是出現了刻板行為，在展區邊緣來回踱步。這說明甚麼呢？對於老虎來說，單純的大環境，並不一定能讓牠們的行為更加豐富，過得更開心。除了大。還需要有些別的。

換句話說，動物園的展區大到一定程度之後，繼續增大所能帶來的好處就越來越少。甚至，還有可能帶來一些問題。

可能會有甚麼問題呢？我們來看看大青山的熊展區。

這個熊展區裏，養的是棕熊。棕熊有兩羣，一羣顏色深到黑，應該是烏蘇里黑熊；一羣脖子上有白圍脖，那是藏馬熊。這兩羣熊晚上待的籠舍是分開的，看起來也會分開往外放。這是個很好的操作，亞種不混血統是應該的。

和狼展區一樣，這個熊展區的山坡上，也出現了洞，應該也是熊打的。熊會進去冬眠嗎？在以前的文章裏，我說過動物園如果能展示熊冬眠，那很高級。但是，如果熊隨便打個洞，進去趴着睡一個冬天，那就不高級了，甚至是個巨大的難題。

熊展區山坡上的洞

為啥這麼説呢？你們想一想，在這樣的養了很多個個體的環境裏，如果熊自己打了個洞，進去不出來了，會有甚麼樣的結果？熊在洞裏面，你知道牠到底出不出來？既然不能確認熊出不出來，那麼，人就別想進展區了——鏟屎無所謂，這麼大的土地根本不需要鏟，但是，如果要做點小工程呢，如果要搞一些豐容設施呢？

這樣的大，幾乎就是放棄了精細管理的大。在這樣的環境裏，有的動物可以展現出很好的狀態，例如狼。但有的動物並不行。

除了給動物狀態帶來影響，對於遊客來説，這個猛獸區也有一些影響體驗的地方。例如，棧道太長，半截處需要不停地往上爬，對人的體力有一定的要求，更別提沒有無障礙通道的事兒了。

另外，我不止聽到一個人抱怨，説這個區域內動物太少，走得累得要死，但看不到甚麼動物。其實，我並不認為這裏動物個體數量少。但我的確覺得，如果有更精細的管理，更好的引導，更多的正強化行為訓練和飼養員與動物的互動，動物能展示得更漂亮一些，會大大增加遊客的觀賞體驗。

一個動物園，總不能爬山的體驗比看動物的體驗更好是不是。

所以，光是大可不行呀。

動物展區上的棧道

太原動物園

這座動物園進行了原地整體改造，是中國動物園行業的一個大事。

太原動物園的改造，是中國動物園行業的一個大事。近二十年來，拆掉市區動物園搬到郊區改建野生動物園常見，原地整體改造罕有。更何況，這座新動物園的造價不菲。據媒體報道，給新太原動物園做設計的設計師留過洋，學過歐洲的先進經驗。這就讓人更期待了。

那麼，改造後的太原動物園如何？

太原動物園的改造，有相當大一部分是擴容。新建的館舍當中，有相當一部分異常寬闊。大體上說，這是個好事。

典型的例子就是河馬展區。目前，這個展區的外運動場還沒建好，河馬只能待在內運動場。如果你去看了這個內運動場，會發現這個地方竟然比很多動物園的外運動場還要大，河馬如果往廣闊的

水面下一躲，遊客都未必能找得到。就更不提室外運動場了，雖沒建好，但面積之大一眼可見，還能看到硬化的水池呈現蜿蜒的河流樣貌。讓人十分震撼。

大得驚人的，可不只一個河馬館。這個場館所在的大型動物展區，囊括了大象、河馬、犀牛、長頸鹿，所有的場館都很大。尤其是象館，室內展區建在兩個低緩的小土包當中，內部又大又高採光還好，每一頭大象在室內都能擁有很多動物園大象室外展區的空間，沒有建好的外運動場在國內也堪稱巨無霸。

如果只說建築設計，這幾個大場館還不錯，至少是好看。但是，動物園並非只是由建築構成的，房子修得再好，不適合動物使用，那還是有問題。就說這象館的內展區，不僅大，而且採光還不

河馬展區的內運動場

象館內展區

錯，後方的訓練牆更是先進異常，堪稱點睛之筆；但是，這大而禿的水泥地，是不是空了點呢？

隔壁長頸鹿的室內展區，要比大象好一些。不過它的地面是硬土的底，這在國內的動物園室內展區中罕見。但也就如此了。

太原是個北方城市，大概一年有半年動物出不了室外，因此，動物在冷天居住的室內展區，需要好好設計才行，要不然就得受罪半年，更別提甚麼自然行為展示了。

前面説了大，咱們再來説説小。太原動物園有一個新場館，讓我感覺明顯是有點小。這個場館是熊貓館。

因為很多大家能理解的原因，任何一座動物園，熊貓居住的地方都是重中之重，沒有例外。太原動物園給熊貓新建的場館，一看就是花了不少錢，甚至花了心思設計的，整座建築有着平滑的線條，遊客可以走近室內，平視熊貓，還能走上屋頂，俯瞰下方的展區。

熊貓的外運動場

這麼一説，聽起來很好對不對？但你只要到現場一看，就會發現，他們建了一個現代化的熊坑：熊貓的外運動場，深陷在屋頂之下，遊客們只要爬上屋頂，就能圍着下方的坑看動物。外部建築再好看再好看，但這還是個過時的坑式展示。

坑式展示，是很古老的一種展陳方法，動物生活在下陷的活動場裏，人在周圍的高處看。這樣的展區，有三個問題：1. 環境單調，動物無聊；2. 視野太開闊，動物壓力大；3. 俯視讓人傲慢，擋不住投餵。

這個新展區中，倒是有點爬架，可以説不是那麼的單調，那剩下兩條怎麼辦呢？這標準的 360 度環視，太有利於投餵了，光為了建築好看，忽視展示效果就得不償失了。

更別提這運動場面積了。按熊貓場館的設計規範，外運動場的面積下限是一隻熊貓不低於 300 平方米。這面積肯定是過線了，但也大不了多少。如今這個年代，國內新修的熊貓場館，基本都是往大了修，太原動物園不缺地也不缺錢，卻修得這麼小，這明顯是設計思路出了問題。

太原動物園還有一些場館，看起來是初始設計沒有問題，但是在後期的施工當中，搞出來了一些莫名其妙的東西。這就得説猛獸散養區的大水池了。

太原動物園的猛獸散養區，一邊是步行道，一邊是車行道。靠近步行道的一

側，是一長條比遊客參觀面低很多的大水池，也有點坑式展示的感覺。但這水池特別好，熊啊、老虎啊跳下去洗澡、玩水肯定特別好。等一等，水池和上方的土地，怎麼被電草隔開了？電草是接通脈衝電流的圍欄，就是為了隔開動物的。這麼一裝，動物就下不了水了。

怎麼講呢，這個裝了水的結構，我真不知道該叫它甚麼。你說叫水池吧，動物又下不來無法親水；你說這是個隔離壕溝吧，它又太大、太浪費水了。從後方沒有建好的部分看，這個結構有平緩的邊坡適合動物下水、上岸，水也並不算深，很明顯是往水池這方向建的。但為何又種了電草？我實在是想問問做出加電草決策的人，你到底是怎麼想的？怕動物淹死了，還是怕水髒得太快？

動物園就是這樣，建築設計得好看，或者是單純增加面積，並不一定能讓動物住得舒服。真正的講究都在細節裏。我再舉一個鴛鴦場館的例子。

大體上，這場館是個大的軟網鳥籠，有一個向籠內伸入的觀景台，裏面是玻璃

觀察面。後方兩排高處的樹洞，看起來是給鴛鴦的巢，鴛鴦是樹鴨，繁殖用的巢放樹上就挺好。這些設想都挺好。但是，裏面動物的狀態不太對。

這個場館內不只餵了鴛鴦，還有疣鼻天鵝。天鵝比鴛鴦大很多，這兩種動物存

鴛鴦場館

鴛鴦

猛獸散養區

在對領地的競爭。從現場看，天鵝把兩塊比較大的陸地佔領了，鴛鴦呢，只要不下水，就基本窩在灌叢和硬質堤岸之間的小塊土地上了。

一個水禽的飼養區域，水面很重要，陸地也很重要。水鳥再喜水也是鳥，是要回地上的，日常的飼養、生活、管理，乃至繁殖，都得上地。這個展區的問題就在於可供水鳥使用的土地面積不夠，並且沒有考慮混養的干擾。混養兩種會互相影響的水鳥，得給雙方都準備好足夠的地盤，並且要儘量利用二者體形、行為、習性上的差異，構建出弱勢物種好用，強勢物種會被擋在外面或者用著不舒服的區域，來保證弱勢物種的福利。

但好玩的是，你說這鴛鴦展館內的土地不夠用，遊客參觀面前面還空了一塊地兒，根本就沒有鳥上去。這是怎麼回事呢？不知道是設計還是建造的問題，這一塊地面的坡岸角度太陡。水鳥上岸是走的，不是飛的，太陡的岸上不去。

相對來說，鴛鴦展館的問題可以靠後期修改解決；猛獸散養區的電草去掉了，水池還能用；至於熊貓館建，我是真不知道能怎麼辦了。

但最讓人手足無措的當屬禿鷲展館。

猛禽籠舍裏的架子，是棲架，讓鳥站著用的，這玩意就是夠用、能站就行。做

猛禽籠舍裏的架子

這麼大這麼複雜的鐵架子，橫七豎八的，裏面養的還是這麼大一鳥，不影響鳥飛啊？這其實是給猴子做的吧？更何況用的還是鐵管，天熱了太陽一曬就燙腳，啥動物都不喜歡。

這是勁兒使錯了方向，還使大了。

在這個更新版截稿的時候，太原動物園雖然已經正式開門營業，但它的改造其實還沒有完成，還有大量的展區沒有建好，展出的動物也沒有引進全。在這個階段，能看到太原動物園存在很多問題，這些問題有設計不合理，有細節不到位，也有飼養管理沒做好。

其實，自太原動物園開始改造至今，也只過去了不到三年的時間，中間還經歷了前所未有的疫情干擾。規模這麼大的工程，趕著做完開了門，暴露出問題也是正常的。現在整頓和改進還有時間。

華中的動物園

長頸鹿

從華北往南走，就是華中地區。

自古以來，華中地區就是人口稠密的地區，這就意味着這裏的原生動物沒有那麼多。相對於西北、西南這些多樣性高的區域，華中動物園的本土物種沒有那麼多。和華東、華南這樣經濟更發達也更開放的地區相比，華中動物園的設計思路也不夠新。總體而言，呈現出一種不差但又不夠精彩的狀態。説好聽點，我們大概能安慰自己這是中庸。

鄭州動物園

這裏有滿身故事的動物明星，
光是牠們的存在就會讓我們覺得神奇和感動。

三個華中城市的動物園當中，我逛得最開心的是鄭州動物園。如果你在網路上搜一搜這個動物園，大概翻不了幾頁，就可以看到一個「討地事件」。2010 年，一些動物園的老職工，抬着包括老虎、獅子在內的一些動物，把隔壁的河南省自行車現代五項運動管理中心給堵了。原來，建園之初，動物園借了 50 畝地給體育局搞賽事，結果後來借了就拿不回來了。老職工們一時激憤，出了這個下策。

50 畝地說大也不大，也就五個足球場大小。如果是某個家大業大的野生動物園，這塊地頂多算個零頭。但即使有這塊地，鄭州動物園只有 430 畝的面積，才是北京動物園的三分之一大。這在全國的城市動物園中都算相當小。

然而，就在這麼小的一塊地皮中，鄭州動物園的規劃者往裏面塞了大大小小許多籠舍。經過近些年的改造，很多籠舍頗為精緻，也頗有一些看點。

鄭州動物園當之無愧的一哥，自然是銀背大猩猩尼寇。大猩猩在中國特別罕見，只有三個動物園有。鄭州的尼寇更是一個傳奇：牠是中國繁殖出的第一位大猩猩。

尼寇

尼寇 1982 年出生在北京動物園，牠的爸爸叫尼奧爾，媽媽叫阿寇，所以牠叫尼寇。1985 年，鄭州動物園斥巨資將牠買回，就此成為了這裏的頭牌明星。但因為某種原因，或許是小時候營養沒跟上，尼寇的發育不是很好，個頭不大，和濟南的威利、上海的博羅曼一比，雄風稍弱。

牠還是中國第一個接受白內障手術的大猩猩。1997 年，人們發現尼寇出現了嚴重的白內障，幾乎失明。在很多醫治人眼的專家的會診下，園方決定給尼寇做手術，去除眼中的白內障並植入晶體。這個手術，最困難的部分是麻醉，量實在不好控制。手術快結束的時候，尼寇突然坐了起來，那可把大家給嚇死了。最終手術還是成功了，此事轟動全國，我記得小時候都看過這個新聞。

年輕的時候，尼寇是個「小流氓」：牠特別喜歡嚇唬小孩兒，常常突然跳起來把身體砸到玻璃上，讓人嚇一跳。年紀大了之後，牠這麼玩得少了。不過，我去看牠的時候，這貨連着兩次砸了玻璃，把我給嚇得……轉頭一看，尼寇在玻璃的另一側好像還挺高興！這個混蛋啊！

不過這大概說明尼寇覺得我很年輕，還是個小孩兒，可以嚇一嚇玩玩了。

尼寇的展區並不算差，但這環境說真的，完全無法抹平沒有同類的孤獨。不過，能夠湊齊一家子大猩猩的中國動物園，目前只有上海動物園和台北動物園。牠們還是太稀缺了……

鄭州動物園不只有尼寇一個明星，園內還有一位元老，便是大象巴布。

巴布的命運比較坎坷，20 世紀 80 年代，森林公安在查處一個非法表演時把牠給救了下來，起初安置在武漢動物園，後來來了鄭州。但在鄭州，大概因為想討好住在隔壁籠舍的女友，巴布前腳踩在欄杆上，把鼻子伸出了頭頂上的一個窗戶。結果窗戶偏偏這時候關上了，鼻子被夾住，最後硬生生地斷了 40 厘米。

園方也展開了急救，花了十三個小時，終於把牠的鼻子給接了上去。沒想到，麻醉一過，巴布就把接好的鼻子裏脆弱的血管給甩斷了，最終只能截去。

大象鼻子少了一截，相當於人類沒有了手。巴布的生活艱辛了很多。喝水，牠需要飼養員用水管噴射；吃飯，牠學會了用前腳幫忙。但這個強壯又聰慧的大傢伙，依舊堅強地活到了現在，熬過了妻子的死亡，耐住了身體的殘疾。真是一個堅強的大傢伙。

巴布

除了這些老夥計之外，鄭州動物園還有一些新秀。

他們的食草動物區裏，有一大片土地混養着馬鹿、梅花鹿、黇鹿、盤羊和鬣羊。這個場館很有意思，建造者把地面造得起伏伏、坑坑窪窪，這就模仿了山地。在這個場館裏，有一頭特別巨大的馬鹿。

這頭馬鹿有多大呢？第一眼看到牠的時候，我還以為鄭州市動物園養了一頭駝鹿，仔細拍了幾張問了一下，才相信這是一頭馬鹿。吃飼料的時候，牠的身邊站了一羣雌性梅花鹿，這些「小傢伙」

無論是肩高還是體長都只有牠的一半。稍大的雄性梅花鹿不知道是不是因為妒忌，走過來挑釁，結果被這個大傢伙甩了兩下頭，就給撞跑了。

如果這頭大馬鹿的角沒有被鋸掉，那該多麼壯麗啊！

鄭州動物園新修的這一批場館，頗有一些漂亮的設計。我印象最深的地方有兩個。

一個是大食蟻獸館。這個館的內外舍豐容做得都很漂亮，地方還不小。但這個館還有提升的餘地：一方面，內舍的

大馬鹿

大食蟻獸

東方白鸛和牠們的巢

地面可以鋪上墊材，不要讓食蟻獸直接踩在水泥地上，這對牠腳爪不好；一方面，可以參考台北動物園的穿山甲館，做一個透明的取食器，讓遊客能夠看到食蟻獸的長舌頭，這樣就會變得特別精彩。

另一個是鳥館。鄭州動物園的大混養鳥籠中，最有特色的動物是東方白鸛這種中國特有的國家一級保護動物，在野外，東方白鸛的生存受到了極大的威脅。鄭州動物園的東方白鸛應該繁殖得很好，我至少看到了十隻。園方在鳥籠裏給東方白鸛建了幾棵人造高樹，在高樹上搭建了一個人工巢。在自然環境下，這種鳥類的巢和這個就差不多，這個設計非常漂亮。

整個鄭州動物園的防投餵設計做得也不錯，他們寧可犧牲一點展區面積，修建了雙層護欄。很多雙層護欄之間的空間裏還種上樹籬。這樣一來，這裏的動物和遊客之間要麼隔着玻璃，要麼就是至少一米多的隔離帶。儘管無法徹底避免投餵，但也能夠免去大部分的不自覺行為了。於是，這裏的動物行為都較為正常。

這樣一個小動物園，粗略逛一圈只要一個多小時，加之佈展緊湊，在裏面也不用走太多的路。但是，我在這兒逛得比較開心，逛了好久。這裏有滿身故事的動物明星，光是牠們的存在就會讓我們覺得神奇和感動；這裏的籠舍平均水平較高，也不缺乏亮點。

這是一座從城裏搬到郊區的野生動物園。

華南虎

長沙生態動物園是一座從城裏搬到郊區的野生動物園。虎、豹可以説是長沙生態動物園的一大特色，數量很多，展區很大，在地圖上有濃墨重彩的一筆。這兒的虎展區不小也不差，有爬架，有草地，有的場館裏草還挺高，老虎能藏在下面。但問題是，這兒的老虎實在是太多了，不小的場館那麼一擠，也顯得小了。

相對於大型的獅虎，這兒的豹養得更好。

中國動物園的豹普遍養得不太好，沒別的原因，就是不重視，在很多地方，豹或者美洲豹混得還不如小好幾號的獰貓和藪貓，實在是讓人唏噓。大多數中國動物園的豹舍會採用全包圍式的設計，上方也會有鐵籠或者水泥頂，因為豹擅長爬高。

長沙生態動物園的豹舍就不一樣。步行區的五個豹舍，都不比虎舍小多少，上方沒有封閉，四周的鐵欄和水泥牆很

高，還有倒扣的電網，豹子逃是逃不出去的。豹舍內有爬架，這個爬架只有單層，並不先進。

好看的是籠舍裏的樹。這五個豹舍，有四個裏面各有一棵大樹。樹也不算高，比籠子四壁高一點，但樹冠都很廣闊，立在籠舍中間，亭亭如蓋。

這樣的大樹，在豹舍中實現了兩個作用：

首先，可以當作遮蔽物。豹是膽小而神經質的，在太過開闊的籠舍裏，有很多遊人圍觀就會緊張。有棵大樹，就能找到遮擋視線的地方。說到遮擋視線，這些豹舍的遊客觀察面是一排玻璃幕牆，但幾塊玻璃中總有一塊貼滿了科普彩圖，這顯然也起到遮蔽視線的作用。

其次，這可是天然的大爬架啊！這樣已經長成了的樹，豹子往上爬也不會把樹

豹舍中的柚子樹

玩死，上層的樹枝也能支撐豹子的體重。花豹喜歡上樹，能利用樹捕獵，也有把沒吃完的食物拖上樹的行為，有這樣可以往上爬的樹，那可是玩得特別開心。

最好玩的是黑豹和牠的柚子樹。這隻黑豹是黑化花豹，籠舍裏的柚子樹特別高大，結滿了柚子。這地方的柚子又不可

客串遮擋的科普貼紙

黑化花豹

小，腿還短，不知道是不是血統不好或者是近親繁殖過。而長沙生態動物園的美洲豹中，有一個個體非常雄偉，腦袋碩大一個，體形比個頭小的華南虎小不了多少，相當好看。

美洲豹相對於花豹沒有那麼愛上樹，畢竟個頭要大一些。但牠們更愛下水，是水陸兩棲的「特種兵」，下水抓個鱷魚啥的都是分分鐘的事情。長沙生態動物園沒有給牠們創造下水的條件，籠舍裏沒有水池，這是一個缺陷。

能有人敢偷，於是就成了黑豹的玩具。只見牠縱身躍到爬架上，再跳一步就鑽進了樹冠。畢竟是一隻成熟的豹子了，體重那麼大，直接從樹上晃下了一顆柚子，咕嚕嚕地在地上滾。豹子畢竟是貓，哪忍受得了球狀物的挑逗啊，一腳跳下去追上去玩了起來。

周圍的豹舍裏也有柚子樹，但其他豹子的行為似乎就沒有這麼豐富。其實，樹上的柚子完全就是天然的豐容物。如果飼養員趁豹子回內舍時，掏空一個柚子，往裏塞上吃的，那就是非常好的豐容了。

有沒有大樹，豹子的行為差別不小。五個豹舍中唯一沒有大樹的那個籠舍裏的豹子，行為看起來更刻板一些。這個籠舍就得想辦法豐富一下爬架了。

黑豹右側，有三籠美洲豹。動物園裏的美洲豹常常不是很好看，看起來體形

美洲豹

武漢動物園

全中國沒有哪個省會動物園，擁有如武漢動物園這般廣闊的濕地。

我的老家在武漢，從小我就喜歡去動物園。武漢動物園是我最熟悉的動物園之一，我也對它有很深的感情。武漢動物園可以說是全國較小的省會動物園之一。別看它佔地 68 公頃，但有近 27 公頃是湖面。這樣的條件，肯定會讓動物園的規劃者犯難。

但如果我們換一個角度想，這些湖面是麻煩，但利用好了卻是無人可及的優勢：全中國沒有哪個省會動物園，擁有如武漢動物園這般廣闊的濕地，擁有如此漂亮的水杉、池杉、樟樹林。

請看看湖邊的森林吧！武漢動物園內有大片的水杉、池杉和樟樹林。這是先輩們種下的樹木，如今已經蔚然成材。靠湖生長的杉樹，為了能在水中挺立，長出了膨大的根部，這是在非濕地地區看

湖邊的杉樹長出了膨大的根基

不到的。離湖稍遠的樟樹，散發出好聞的香味，讓人心曠神怡。

再看看湖邊的野鳥。武漢的湖泊，很多都是底部沒有硬化、原有生態尚存的「活」湖。武漢動物園的水禽區除了園方飼養的幾種鳥類之外，還生活着白骨頂、黑水雞、小鸊鷉等多種水鳥，岸邊的樹林當中，還有大羣的白頭鵯、八哥、灰喜鵲、斑鳩等小型飛禽。

在這所有的野鳥當中，最好看的當數翠鳥。翠鳥生活在水邊，需要有靠水的泥質岸基築巢，還需要棲息在水邊的樹枝上觀察領地好抓魚。武漢動物園的水禽區，看起來較適合翠鳥的需求，因此看到翠鳥的概率不低，於是也有許多人「長槍短炮」地在此蹲守。

在這樣的原生環境中，武漢動物園建有一片漂亮的水禽區。整個水禽區順着湖岸而建，利用了原有的岸基和幾座湖中小島，數種天鵝、雁鴨、鶴類生活在其中。

這片水禽區的設計師，實在是頗為擅長造景。黑白天鵝穿行在水汽氤氳的湖面上，丹頂鶴站在樹林的逆光中。人形步道蜿蜒在湖岸和小島之間，遊人可以穿行在鳥羣、樹林和花叢當中。若是清晨

天鵝和牠們的湖岸

霧氣中的疣鼻天鵝

或是下午，太陽斜射照入林中，投射在水汽之上，白色的丹頂鶴安靜地梳毛，輪廓被染上了金色。這份靜謐只會被偶爾響起的鶴鳴或者是鵝叫所打破。

最美的是火烈鳥展區。一羣火烈鳥體色鮮豔，如一團火焰燃燒於湖面上，襯托遠處的白色拱橋。

這片水禽區，是整座武漢動物園裏最美的部分。它激發了天然環境的天賦，又兼具了美感。讓人無法不喜歡。

離開水禽區，就讓人不太高興了。漢陽的武漢動物園興建於 20 世紀 80 年代。那時的前輩篳路藍縷，從無到有生造出來一座動物園。1987 年，國家建設委員會考察全國的動物園，排出了一個「中國八大動物園」的名錄，武漢動物園就在其中。但自那時起，武漢動物園似乎就缺少了一些進取心，發展開始停步。直接結果是 1995 年建設部再評「全國十佳動物園」時的落選。

三十年前的動物園，和現代的動物園迥然不同。然而，如今依舊能在武漢動物園中看到那個年代的設計。這不是歷史的底蘊，這是歷史的敗筆。

但是現在，武漢動物園的改造已經開始了，有看得見的場館建設，也有看不見的一些努力。最明顯的就是熊貓館的變化。

2019 年的 7 月 11 日，武漢動物園重新迎回了熊貓。那是一個炎熱的夏日，大約在下午 4 點 15 分，武漢天河機場的貨運出站口處開來了兩輛小拖車，車裏裝着兩個不銹鋼的航空箱。鐵門這邊的記者一下子沸騰了，往前圍住了大門。武漢動物園的員工們趕緊讓大家後退，並且再次重申不可開閃光燈，也不可開補光燈，以免傷了國寶的眼睛。十幾分鐘後，一路隨行的飼養員拿着關單過來辦好了手續，鐵門打開，熊貓出來了！

熊貓

只見拖車把航空箱拉到了貨車旁邊，六七個武漢動物園的飼養員跳了上去，扛起箱子，就往車裏塞。旁邊的森林公安維持着秩序，有攝影師想湊近拍，馬上被擋在了外面。兩隻熊貓上兩輛貨車，只花了不到三分鐘。然後車隊馬上啟程，警車開路，一路駛向動物園。

貨車直接開到了武漢動物園的新熊貓館旁邊，艙門一開，又是一排飼養員迅速地把熊貓抬進了後台，一頭熊貓只亮相了十幾秒。旁邊圍觀的記者們都沒有拍過癮，隨後熊貓館徹底封鎖，連無關的動物園員工也不能再進去了。

7 月 26 日，在結束了半個月的隔離檢疫和適應，春俏和胖妞這對年輕的姐妹花，在武漢動物園的新熊貓館裏正式和大家見面。

在此之前的一整年中，武漢這樣一座大型城市失去了它的熊貓。2018 年 6 月，有遊客在熊貓館拍攝到飼養員違規操作。一時間輿論洶湧。那頭可憐的熊貓偉偉，後來被送回了四川。

這對於武漢動物園甚至是武漢市來説都是一個恥辱。於是，涉事飼養員被停職，一個新的園長空降而來。新的領導班子，首先要解決的就是消除沒有熊貓的恥辱。於是一座新的熊貓館拔地而起。

如果你踏入這座館舍中，你就會有種脱胎換骨的感受。熊貓的外舍綠樹成蔭，青草遍地，有原木爬架，也有可以攀爬的大樹，還有可能會被熊貓玩死但玩死就玩死吧的小灌木，亦有可以泡澡的水池。武漢的夏天很熱，所以館中也有噴霧設施。這噴霧可不是僅僅繞着場館來了一圈，它還直通接近場地中央的大樹、塑石。這樣一來，噴霧就不只是給人看的，它能給熊貓更多的清涼。

不過，夏天畢竟太熱了，在夏天，熊貓主要還是待在內舍。國內動物園多不注重內舍建設，常常搞得陰暗逼仄。武漢動物園的老場館也不例外。但這個新熊貓館的內舍，不光大，採光還好。地面模仿山石、山勢，鋪成了不平的硬質坡地。除了一定要有的爬架之外，還擺放了不少玩具、投食器。看起來，熊貓們在裏面會玩得很開心。

想看內舍，就需要進入熊貓館的內部。在參觀面的對側，是科普展牆。這塊地方，我有一點小小的貢獻。在剛開始設計的時候，我向武漢動物園提議，可否放一個展櫃，展一展熊貓的便便。等裝修好了以後我來逛了一圈，發現這兒真設了一個展示熊貓便便的裝置，每天更換新鮮便便，供遊客聞。

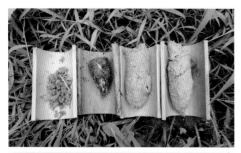

展示熊貓便便的裝置

看到這兒，我是開心得不行。一提到屎，非動學專業的大人們可能馬上就會感到噁心，但小朋友不會。以前有次科普活動，我找做貓科動物保護的貓盟 CFCA（Chinese Felid Conservation Alliance）的朋友給我帶了一管子豹子屎展示給小朋友們看，結果他們都湊過來，差點把屎給搶走了，引得大人也有了興趣。

這個裝置並非是為了獵奇。吃竹子的熊貓，新鮮的便便會有一股竹葉清香。這個是看過科普書、紀錄片的你應該知道。但這「竹葉清香」究竟是甚麼味，很少有人聞過。這個裝置，就是要把平淡的文字，變成立體的嗅覺感受。只有實物的味道，才能真正讓人知道竹葉清香的屎是甚麼感覺。

在野外，屎是動物學家重要的研究對象，是觀察動物最簡便的窗口，所以他們一到野外有時間就撿屎，然後研究屎是誰拉的，這個動物吃了甚麼，乃至於可以提取屎中的 DNA 做更深入的研究。提供一個可以看、可以聞的屎給遊客，就相當於讓他們小小體驗一把跑野外口的動物學家的日常。

科普不只是用眼睛看的，還可以用鼻子聞、用耳朵聽，但更重要的是，科普得滿足好奇心、激發好奇心，才能讓人類更好地感受世界。

這樣一座新建的熊貓館，投入了武漢動物園上上下下很多人的心力。動物園的員工們形容熊貓來的前後幾週「就像打仗」。但更大的一「仗」，馬上就來了。

2020 年 12 月底，武漢動物園宣佈：從 2021 年 1 月 1 日起，武漢動物園將開始暫定兩年的閉園，三年的改造馬上開始。

這次改造，武漢動物園醞釀了很久。自 2018 年新的園長上任以來，就開始謀劃改造。因此，園方請來了中國最好的動物園設計團隊——這個團隊參與過南

熊貓館內舍

京市紅山森林動物園的改造——做了通盤的設計和預算,找上級單位一級級地審批。

等待是讓人心焦的。一年多的時間裏,武漢動物園的改造計劃被一遍遍地駁回,預算是一次又一次地削減,到了2019年末、2020年初的時候,我甚至覺得全園改造無望了。然後新冠疫情爆發,希望更是渺茫。

但是在疫情之後,情況發生了轉機。「英雄城」急需支持,所以國家加大了對武漢的扶持,一批公共建設項目馬上上馬。武漢動物園又重新上交了第一版沒有削減預算的方案,很快就得到了通過。

武漢動物園終於可以改造了!需要改造的並不只是硬件。一座動物園要好,不能只是硬件好,還需要軟件好。所以,武漢動物園也在努力提升管理水平和各種技術。2019年底,武漢動物園請來了中國知名動物飼養員楊毅,讓他主管動物飼養業務。他的到來,讓這座老動物園的很多飼養員看到了新技術的力量。

接下來,我們可以期待新武漢動物園的誕生了。

西南的動物園

菲氏葉猴

西南地區和西北地區的動物園行業有兩點很相似：相對於東部經濟更發達的區域，西南、西北的動物園的設計、建設水平沒有那麼高，往往給人一些陳舊的氣息。但作為中國物種多樣性極高的區域，西南、西北地區的動物園往往擁有很多其他地區沒有的動物。這些特有的動物居住在合適的環境裏，往往會讓人感受到自然的精彩。

這樣豐富的物種，使得西南各地的動物園呈現出完全不一樣的氣質，川渝的熾烈、雲貴的神祕、西藏的強韌，自動物身上湧現出來，會給觀察足夠仔細的遊覽者以感動。

重慶動物園

這是一座充滿西南地區特色的動物中心。

想逛動物園，我一般會建議大家早上早點去。動物園裏動物最活躍的時間是一早一晚，早上去遊客也少，逛得會更加盡興。但如果是重慶動物園這樣晚上 9 點才關門的動物園，那還是晚一點去比較好。

午間，尤其是週末的午間，重慶動物園是喧鬧的。熊孩子在熊山周圍尖叫，拍打着各種靈長類的窗玻璃，熊大人們為了逗樂，掏出了食物往籠舍裏扔。偏偏重慶動物園又是一個歷史包袱很重的動物園，有些籠舍相對老舊，擋不住投餵。投餵，永遠不只是遊客的問題。

在這個時候，有些動物你是看不到的。但只要待到下午 5 點，遊人慢慢退出，動物園愛好者的好時機就來了。

請找到動物園正北方的企鵝館，咱們並不需要去看企鵝。在企鵝館旁邊，有一排外表是藍色的小場館。在這裏，生活着好幾隻罕見的中小型猛獸。

首先要注意的是亞洲金貓。亞洲金貓曾是中國較為常見的中型貓科動物，牠的頭上有好幾條顏色斑駁的縱紋，就像火焰一般。亞洲金貓常見有紅色型、黑色型和花色型。重慶動物園的這隻金貓是紅色型，趴坐在樹蔭當中，似乎是一隻

亞洲金貓

碩大的橘貓。但牠比家貓還是大很多，體長接近一米，身材壯碩，能夠抓捕野豬或是鹿。

金貓這樣一種美妙的動物，在全世界的動物園裏過得都不好，加之繁殖困難，已有的人工種羣也在慢慢凋零。在中國，動物園裏的亞洲金貓一隻接一隻地死去，僅剩的三四隻也幾乎沒有放一起繁殖的可能。想要看金貓，趁早來重慶動物園。

在這樣的背景下，重慶動物園的亞洲金貓擁有一個這樣滿是綠色的場館，實在是一件幸運的事情。館內滿是綠植，灌叢高低搭配，金貓若是願意便會在林蔭間、爬架上穿梭，展現大橘矯健的身姿。

金貓旁邊有一個綠植更為茂盛的籠舍，

雲豹

綠孔雀

它屬於豹貓。再隔壁,又是另一個大明星:雲豹。和金貓類似,雲豹也是中國動物園中不太受重視的動物。但大尾巴、喜愛爬樹的雲豹,自有一份矯捷的魅力。

想要在重慶動物園觀看金貓和雲豹,一來要等,二來要找。牠們生性靦腆,人多嘈雜的時候就不活躍,所以我推薦大家晚點來,在黃昏時分來看。因為豐容好,重慶動物園的金貓、雲豹籠舍裏有很多遮蔽物,想要看到牠們,就得在樹影中慢慢看。

金貓的後方,有一小羣豺暫住。牠們的新領地據説位於金貓館的右側,那裏還沒有裝修好,於是才安置於後方的小籠舍當中。這片新領地本來是用來養獅子的,相對較大,挑高也不錯,用於安置豺這樣愛跑、愛跳的羣居動物再合適不過。

企鵝館的另一邊,是雉雞等鳥類的地盤。重慶動物園剛引入了一雌一雄兩隻

綠孔雀,安置在這裏。這兩個個體還沒有長成,身材還比較纖細,但綠孔雀的龍鱗脖、稻穗冠、明黃臉頰已經顯露出來。這兩個個體的血統,應該比較純。

「孔雀東南飛,十里一徘徊」中的孔雀,就是指綠孔雀。但目前遍佈中國的卻不是這個物種,而是印度來的藍孔雀。我們自己的綠孔雀反而幾乎在中國本土消失了。

金貓、雲豹、豺和綠孔雀,全都是曾經遍佈長江以南區域的動物,但現在即使在動物園當中都日益罕見。理論上重慶也是這四種動物的分佈地區。重慶動物園煞費苦心地收集了這四種動物,再加上不那麼罕見的華南虎、豹、羚牛等物種,一座西南地區特色動物中心的形象冉冉升起。

但話説回來,重慶動物園若想要更進一步,可別忘了杜絕那些猖狂的投餵,以及拖後腿的陳舊鐵牢籠。

成都動物園

在這裏，你能看到四川的生物多樣性，
也能看到體制內動物園所面臨的問題。

成都動物園是一座老牌動物園，始建於
1953 年，曾有過輝煌的歷史。但和許多
同樣輝煌過的中國城市動物園一樣，成
都動物園糾結於過去與現在當中，需要
找到自己的未來。

在這裏，你能看到四川的生物多樣性，
也能看到體制內動物園所面臨的問題。

成都動物園我去過兩次，每一次都在鹿
苑和百鳥苑消耗了最長的時間。

毛冠鹿

成都動物園的鹿陣容豪華。其中我最喜歡的莫過於毛冠鹿。毛冠鹿是一種中國特有的小型鹿，四川是其分佈的核心區域。毛冠鹿的毛冠，指的是從額頭到頭頂長的一撮毛，顯得分外俏皮。

在分類上，毛冠鹿是麂子的親戚。牠們的雄性擁有打鬥用的長獠牙。前頁兩張圖裏的都是雌性，除了沒有長牙，身材也稍顯纖細。

我很喜歡看毛冠鹿走路的樣子。牠們四肢纖細，動作小心。每次抬腿的時候都像是芭蕾舞者一般，看着非常靈動。

在國內的動物園中，中國特產的毛冠鹿不常見。在幾家飼養有毛冠鹿的動物園裏，成都動物園又是少有地解決了毛冠鹿繁殖的動物園之一。他們的毛冠鹿非常值得一看。

說到鹿的繁殖，成都動物園的豚鹿繁殖得更好。豚鹿口吻部較短，身形較為圓潤，體態像豬，所以叫「豚」鹿。牠們是國家一級保護動物，曾被宣佈在中國野外絕跡，但後來又有一些零星的發現。

成都動物園擁有全中國最大的豚鹿人工種羣。有多大呢？2015 年的一項統計顯示，全國動物園的豚鹿不足 60 頭，其中 40 多頭在成都動物園。簡直就是三分天下有其二了。

除了這兩種必看的鹿之外，成都動物園還有白脣鹿、麋鹿、馬鹿、梅花鹿、黃麂這幾種中國本土鹿類。成都動物園的鹿苑之後，是園外的一片高樓。高樓的陰影擠壓着幾羣罕見的野鹿，頗有種現實的隱喻感。

鹿苑的可觀之處，在於種類齊全，別處沒有。而百鳥苑的好看，就是單純的好看了。

截了角的公豚鹿

白脣鹿

十幾年前，中國流行過一陣鳥語林。就是用一個大罩網，把許多種鳥圈養在其中，然後人走到網籠裏面看鳥。成都動物園的百鳥苑大致上就是一個中型的鳥語林，但勝在環境好，植被豐富，又有一座螺旋形的廊道穿行其中，能夠通過上下立體的視角，觀察其中的鳥類。

鳥語林裏最大最好看的鳥類是幾種雉。一般動物園的雉都關在小型的籠舍裏，行為不太豐富。放養到百鳥苑的林地之後，這些雉雞就回到了自己的原生環境中。體形小一些的紅腹錦雞常常落在樹叢上，當你的目光穿過樹影時，偶爾會看到牠們那耀眼的身影，梳理着一頭金毛。而大型的白鷴、白冠長尾雉通常出現在林下或是水邊，常常顧影自憐。

樹林之間，還有一些中小型的飛鳥。這裏的鳥類狀態都比較自然，常常會躲着人，但密度又比野外高得多，比較好拍。對於拍鳥初學者來説，百鳥苑是個練技術的好地方。

白冠長尾雉

除了這兩個區域之外，成都動物園的豹館、獅虎苑、靈長類展區也值得一看，雖然場館都不大，但看着還算舒服。

若干年前，國內動物園有用瓷磚畫做科普牌的傳統。好些動物園要不在瓷磚上寫字作畫，要不直接燒釉彩瓷磚，用這樣的方式傳遞科普信息。這些畫和文字現在看未必很精良，但大都有那個年代的一絲不苟。

如今，這些瓷磚畫大多被淘汰了。成都動物園裏倒是留了不少，看到這些歷史的遺存，濃濃的懷舊氣息撲面而來。

這樣的科普牌，只要沒有錯誤，保留下來會有一種傳承的感覺。但是，老舊的

樹枝上的紅腹錦雞

場館如果不加以改造，或者改造還是沒有跟上時代，那就很糟糕。成都動物園的熊舍就是如此。

在國內動物園中，坑式的展區同樣是一個「傳統」。這種傳統會讓人俯視動物，平生虛妄的掌控感。坑中的動物特別容易受坑上之人的影響，如果有人投食，行為就會異常。成都動物園的熊山，就是個坑。

這個坑也不是沒有改造。棕熊展區的一側，是和遊客視角平齊的玻璃牆面，遊客在這一面可以平視動物，也不容易干涉到裏面，當然如果玻璃幕牆再高一點會更好。但在對面，卻還是高出展區一大截的高台，人在上面，還是俯視着熊，通過投餵掌控着熊的行為。

這改了跟沒改有啥區別？這樣的例子，在成都動物園裏還有不少。

用瓷磚畫做的科普牌

改建了一半的坑式熊山

昆明動物園

這算是「十佳動物園」中優勢和問題都特別明顯的一家。

走進昆明動物園，你首先會感覺到歷史感。

1995 年，建設部評選過一次「十佳動物園」，其中尚有北京、上海、天津、濟南、成都、杭州、廣州、昆明這八家動物園留在原址，主體未變。這八家動物園家大業大，至今都算是不錯的動物園，都有相同的優勢，也有類似的問題。昆明動物園算是優勢和問題都特別明顯的一家。

我們先來看看靈長類。雲南是中國靈長類多樣性最豐富的一個省，沒有之一。只説雲南原生物種，昆明動物園內就有白眉長臂猿、白頰長臂猿、滇金絲猴、黑葉猴、菲氏葉猴，獼猴屬的我們就不數了。

菲氏葉猴

白眉長臂猿

其中，最難得一見也最有意思的是菲氏葉猴這個瀕危物種。顧名思義，葉猴就是喜歡吃葉子的猴，近期，有研究顯示菲氏葉猴所屬的亞洲葉猴這個演化分支對甜和苦都不敏感，這顯然是和牠們愛吃葉子和青澀果實的食性有關。亞洲葉猴都有着長長的尾巴、修長的身軀、纖細的四肢、突出的眉毛和奇怪的「殺馬特」髮型。

昆明動物園的菲氏葉猴和住地隔壁的黑葉猴是親戚。但和在國內動物園裏更常

見的黑葉猴不同，菲氏葉猴的毛髮是灰色，有明顯的白眼圈，臉頰上的毛也更長，更加「殺馬特」。如果你來昆明動物園玩，不妨多看看這兩隻菲氏葉猴。國內擁有這種動物的動物園可沒幾個。

如果你不知道這些信息，單是看看菲氏葉猴居住的籠舍，肯定看不出來菲氏葉猴是難得一見的寶貝。牠們住在狹小單調的籠舍中，籠子裏沒有甚麼爬架，玻璃很髒，科普牌也很無聊。兩隻菲氏葉猴非常怕羞，有時候遊客太過於喧鬧，還會躲到內舍去。整個昆明動物園的靈長動物區都給人這樣的感覺，滇金絲猴、白眉和白頰長臂猿的館舍也是如此。

這就彷彿是一個熱愛收藏的巨龍，把各種寶貝帶回了自己的洞窟，卻只是堆成一堆，然後趴在上面睡大覺。

其實，動物園已經過了單純依靠物種數量和個體數稱雄的時代。在這個多媒體異常發達的時代，單純認識物種實在是太容易了，點開百科類網站順着相關連結一個個地看，有介紹，有圖片，還能在網上搜到影片，何必要去動物園認識動物呢？動物園真正的優勢，是能夠通過視覺、聽覺、嗅覺等多維度展示動物的自然行為，近距離觀察獲得的信息量遠比上網查到的要多。而想要讓動物展示自然行為，展得多沒用，必須得展得精。

另外，很多城市動物園為了吸引更多遊客，往往會在動物園裏招商引資，建遊樂場。遊樂場或許能解決一些錢的問題，但對動物園的長遠發展不利：它會分散遊客對於動物的注意力，發出的噪音也會影響動物的生活。昆明動物園裏的遊樂場所佔的比重特別大，有好幾座大型遊樂設施，分散在園中至少兩處，讓本來就不大的園區顯得更為狹小。

昆明動物園的靈長館體現了動物園陳舊的一面，一些新的館舍則展現了新的展示思想。

新建的水獺展區就是一個亮點。昆明動物園的亞洲小爪水獺生活在一個仿原生環境的展區中。展區中有水池，水不深但很清澈，飼養員會往水裏放活泥鰍，便能看到水獺在水裏捕食。有時候，為了搶奪食物，或者是單純為了玩，小水獺們會從水裏打到岸上，從岸上再打到水裏。打夠了，就爬上岸，在小碎石地面上蹭毛，試圖把自己擦乾。

我能在這兒看上一整天。

打哈欠的小爪水獺，脖子上的傷我猜是打架打的，誰家小朋友沒有打架受過傷呢

既然能仿原生環境，為甚麼不能直接用原生環境呢？昆明動物園坐落在圓通山上，有很好的山間林地。於是，園方在

山南側開闢了一片坡地，把中小型有蹄類動物一股腦地放了進去。

在這山林之中，你可以看到水鹿、梅花鹿、麅鹿、山羊，這都算適應林間環境的動物。咦，這兒怎麽還有一頭角馬？把適應大草原的角馬放在這兒實在有些違和，不過想一想，相對於老食草區狹小的外舍，這頭孤零零的角馬擱在這兒倒更加舒適，這顯然是福利上的巨大進步。

角馬

但相對於上面說的這些動物，我更喜歡這片展區中的一頭牛。這頭牛面部白色、雙角粗壯、身體強健，四肢上的白色如套了兩雙白襪子。這可不是一般的牛，而是大額牛。

大額牛也叫獨龍牛（這發音對南方人真不友好），分類上有一點爭議，但大體上還是被認定為印度野牛和家養瘤牛的雜交種（印度野牛是全世界最好看的牛），據說，半野生半家畜的大額牛肉質極好，惹人喜愛。

獨龍牛

作為昆明動物園的老員工，這個身材強壯但外貌特別憨厚的大個子肯定是不會被吃的。在那片山坡林地中，有一間帶棚子、地上鋪了稻草的小竹房。大額牛特別中意這個地方，休息時都會趴在裏面，憨厚地看着前方走過的遊客。有時候，牠出去吃飯，回來看別的動物在裏面，還會生氣，靠氣勢把對方趕走。畢竟，牠是這裏最大的動物。

這樣一片山坡，原有的樹木、山石乃至坡地本身，就可以完成豐容了。再加上

林間的鹿羣

黑短腳鵯

白馬雞

動物之間的互動，就能呈現出較為自然的狀態。這是一種「圈地自萌」的場館，想在這樣的環境中觀察得爽，一要耐心，二要好眼神，三要望遠鏡，請將目光穿過叢林，好好找動物看吧！

昆明動物園的鳥類養得也不錯，我最喜歡百鳥園，大致上也是「圈地自萌」的狀態。這裏的大頂網罩住了一片有水流的林地，林地裏放養了許多小型鳥類，如各種鶇、鶲、鶥和椋鳥，地上還有白馬雞在自由活動。

雀類不好養。各種雀食性不一，需要的環境也不一樣，很難用一個籠舍來解決所有問題。因此，很多動物園的雀死亡率都比較高，只能想辦法補充。我猜，昆明動物園百鳥園的小鳥也是有補充的。但這片環境畢竟較為自然，放養的鳥也有很多本地物種，有些種類過得明顯更好一些。例如，我看到這兒的黃臀鵯繁殖了，小鳥接近成年，能夠到處飛，但還是在向親鳥乞食。

而地面上行走的白馬雞，宛如整個百鳥園的主人，四處橫行完全不理遊客，除了面對餵食的飼養員，是不輕易讓路的。這些白馬雞的尾羽特別完整，遠比籠養的同類好看。

這幾處展區，那可是「謀殺」了我不少快門啊。

雲南野生動物園

熊狸是雲野的本土動物中展示得最漂亮的一種。

在動物園愛好者的圈子裏，雲南野生動物園（簡稱「雲野」）的名聲有一些奇葩。在我看來，這個動物園有不少有意思的地方，但可惜老鼠屎有點多，不但壞了粥，還讓人有點點倒胃口。

先説有意思的。作為雲南的動物園，雲野自然有不少雲南本土動物。熊狸便是雲野的本土動物中展示得最漂亮的一種。熊狸英文名「Bearcat」，是真·熊貓。

熊狸

正在爬繩的熊狸

食肉類的肛門附近有一個分泌氣味的腺體，稱為肛門腺，那是動物用來做氣味標記的工具。有些資料上說，熊狸的肛門腺散發出的味道是奶油爆米花味兒的。此前，我一直對這個說法將信將疑。沒想到，這次遇到了。雲野的熊狸籠舍離遊客步道很近，一陣風吹來，一股水果的甜香飄進了我的鼻子，仔細一聞，稍微有點點臭——這根本就是熱帶水果的味道嘛！資料誠不我欺，熊狸的味道果然奇特。

聞到這味兒，算是我去雲野最大的收穫。

熊狸，是一種體形較大的靈貓科動物，你別看牠長得有點粗笨，但在樹上可靈活了。為了展現熊狸擅長攀援的習性，雲野的熊狸展區被分成了兩個部分，中間隔着遊客的步道，一條粗麻繩將兩個籠區連接了起來。如果熊狸自己不願意爬怎麼辦？飼養員會以食物作為獎勵，鼓勵熊狸從高空穿過，爬給遊客看。

雲野大概對飼養員傳播科普知識有要求，在各種動物的展區，我遇到了不少穿着制服的工作人員在主動給遊客做講解。給我印象最深的是蜂猴飼養員。蜂猴也叫懶猴，運動速度很慢，在白天還會睡大覺。蜂猴的飼養員怕遊客覺得蜂猴不動沒啥可看，於是守着猴子，看到有遊客來了就做介紹。這位飼養員對蜂猴頗為熟悉，講得也很用心，還特地手持蜂猴的食物——蜘蛛——作為道具，介紹這種動物的食性。

這裏的蜂猴展示是我在國內見過的最奇特的一個。他們日常把蜂猴放在一截刨出洞的木頭上，靠近遊客步道，是完全開放的。這麼展，必須要有人盯着。盯着蜂猴的飼養員又能如此細心地介紹，展示效果那是相當地好。那如果沒人盯着呢？

蜂猴的展示算奇特，那雲野的豹貓展示就屬奇葩。不少動物園會用一種長長的鐵絲網籠作為通道，展示松鼠在林間的攀爬。雲野也有這樣的裝置，但我完全沒有想到的是，雲野一半的長條網籠是用來攔豹貓的。網籠中有兩隻豹貓，其中一隻被網子封閉在了網籠中，沒有辦法躲回較為寬敞的木製小貓舍裏，只能縮在站都站不直的地方，接受遊客 360 度無死角的端詳。雲野的廣告詞是「回歸野性，全園放養」，我豹貓第一個不同意。

豹貓可是一種特別怕羞的動物啊，這麼展完全是突破下限的差！

淒慘的豹貓

雲野的小貓展示得差，大貓呢？至少，地方是夠的。雲野是一個巨大的動物園，對猛獸也並不吝嗇，他們的猛獸區頗為巨大，但因為養育的個體太多，有點擠。

老虎這麼多，該怎麼展示呢？雲野的思

不合理的收費項目

路大概就是互動。在猛獸區裏，有和小老虎近距離接觸的收費項目，當然，都近距離接觸了拍照自然是可以的。要知道，好些動物園裏和小老虎合影的項目都被取締了，雲野這可就更厲害了。

但最讓我覺得莫名其妙的，還是收費釣老虎。花上一點錢，你可以獲得一個裝了肉的釣竿，然後，就去看老虎是如何上鈎的吧。

說到地方大，雲野真是一會兒讓人覺得特別豪，一會兒又讓人覺得特別小氣。他們的靈長動物園區就是這樣一個混亂的例子：常見的幾種獼猴，還有狒狒，擁有巨大的籠舍，但像紅毛猩猩、各種長臂猿這樣珍貴的物種，待遇要差得多。

尤其是紅毛猩猩。在任何一個動物園，大個頭雄性紅毛猩猩都會成為園中的明星。雲野，有倆。但這兩位雄性紅毛猩猩共用一個不太大又沒啥豐容的外舍，看着牠們百無聊賴，實在讓人有點揪心。

哦，對了，紅毛猩猩附近有幾個熊坑。坑是原罪我們就不贅述了，最奇葩的是，有一個坑混養了被稱為「日熊」的馬來熊和被稱為「月熊」的亞洲黑熊。這是幹嗎？日月同輝嗎？

紅毛猩猩

一個熊坑中竟混養着馬來熊和亞洲黑熊

說實在的，我倒是覺得雲野還算是一個有點意思的動物園。這兒的亮點時常出現，不少動物的籠舍不錯，福利很好。但每當你看得爽了一點的時候，總會冒出一堆奇葩讓你目瞪口呆。

又生氣，又想笑，大概是我逛完雲南野生動物園之後的內心寫照了。

黔靈山動物園

一個有着輝煌歷史的園中園。
中國動物園裏的華南虎，80% 的血統來自黔靈山動物園。

在中國，有一類動物園常常是落伍的代名詞，那就是「園中園」。所謂園中園，就是在一個大的公園中劃出一小部分做成動物園，很多城市的動物園都是這麼起家的。但在資源比較多的大城市，這些園中園往往會升級成獨立的動物園。留下的那些，基本上全都又小又破，落後於時代幾十年，也幾乎不可能獲得改進的資源。

貴陽的黔靈山動物園，就是黔靈山公園中的園中園。黔靈山公園巨大無比，黔靈山動物園只是小小一個。

但這卻是一個有着輝煌歷史的園中園。20 世紀 50 年代至 70 年代，黔靈山動物園從野外獲得了不少華南虎，繁育也做得很好。如今華南虎瀕臨滅絕，在野外已經找不到了，只有動物園裏還有一羣。而中國動物園裏的華南虎，80% 的血統來自黔靈山動物園。這是這個動物園最高光的時刻。

大熊貓和牠的居住環境

之後它就陷入了停滯乃至於倒退的狀態。華南虎養沒了，熊貓養沒了，各種動物越來越少。進入 21 世紀後，貴陽郊縣新建成的野生動物園，更是讓這個又老又破又小的動物園變得尷尬無比。去之前，我有朋友直言說，黔靈山動物園是他見過最差的動物園，讓我有個心理準備。

我的確做好了心理準備。結果去了一看，咦，黔靈山動物園徹底翻修了！

整個黔靈山動物園中最亮眼的是 2018 年 4 月剛開放的大熊貓館。在國內，大熊貓是動物園中管理得最嚴格的動物。如今主管部門對熊貓場館要求的標準越來越高，還有民間的貓粉群體盯着，現在還能申請到大熊貓的動物園或者大熊貓館，水平都不會低。

黔靈山的大熊貓館擁有兩個外場，供兩頭大熊貓使用。其中一個建在平地上，比較小，主要依靠人工製作的爬架、玩具來豐容；另一個建在半山腰的山坡上，有前一個的數倍大。這個山坡外場非常精彩，裏面大樹、小樹、灌木、草地、爬架，玩具一應俱全，熊貓想動一動，就必須在山地上走。這樣的環境又自然又好看。

熊貓館中的科普也做得不錯。儘管缺少先進的多媒體展示，主要依靠傳統的繪畫、照片和文字做介紹，但內容的方向非常好：所有的展板，都圍繞着一對野生大熊貓母子來講故事，完全沒有把熊貓當成圈養的萌寵來看。在展板的開頭有一句話我特別喜歡：「真正的大熊貓應該生活在野外。」

黔靈山動物園的熊貓館是我這一趟看過的最好的熊貓館之一。但如果只是熊貓館好，別的場館一塌糊塗，那這個動物園該罵。我們不妨對比看看黔靈山動物園的熊舍。

這兒的熊舍，以前是傳統的熊坑。我經常說「坑是原罪」，那是因為坑式展示會給人帶來高高在上的虛幻感，坑裏的動物也容易受到人的干擾，尤其是熊，一有投餵，自然行為就會被干擾。黔靈山現在的熊舍，看得出來是拿熊坑改的。但是，上層的觀察面被取消了，只

熊貓館的解説

熊舍

在平視的視角上留了一排一人多高的玻璃幕牆，玻璃幕牆上又是接近一人高的鐵絲網。這大約三米多快四米的隔斷，幾乎阻隔了遊客的投餵。不光是熊舍，黔靈山動物園一大半的籠舍都採用了這樣的防投餵裝置。如此強勢地依靠設施來阻斷投餵，在全國的動物園裏都算得上先進。

熊舍內部有爬架，有水池，有玩具，但地面不太好，是水泥地，就比不上對面的老虎籠舍了。園方不如在熊舍的部分區域鋪上土和落葉，這對熊會比較好。

黔靈山動物園的另一個亮點是科普牌的設計。在國內，動物園的科普牌不出錯就值得表揚了，黔靈山動物園的設計還很漂亮，讓人忍不住就想仔細看，這可真是少見。

改造完的黔靈山動物園，依舊是個很小的動物園，動物種類也不多。它的翻新絕不是修舊如舊，而是融入了一些新的思想。説它先進，除了熊貓館外的其他籠舍也算不上有多麼先進，但讓人看着很舒服，也能看出他們的努力。這樣的精品化方向，是許多小動物園可以採用的演變方向。要知道，全世界第一座科學動物園 —— 倫敦動物園 —— 也不大啊，但人家做得精。現在的黔靈山動物園已經有了不差的硬件，就需要修煉內功、加強軟件了。

金錢豹的科普牌

羅布林卡動物園

和先進區域相比，拉薩動物園的理念落後很多年。

拉薩，是中國海拔最高的省會城市。坐落在如此高處，低地來的遊客可能會有高原反應，動物也不例外。因此，在這裏建動物園並不容易。

饒是如此，拉薩依舊有兩座動物園。和先進區域相比，拉薩動物園的理念落後很多年。然而，這裏依舊有不少特有的動物可看。

羅布林卡始建於 18 世紀，是歷代達賴喇嘛的夏宮，宮中曾有一座百獸園，羅布林卡動物園承襲了宮廷馴獸讓貴族看個稀奇的傳統。如今，羅布林卡被闢為公園，票價 60 元。羅布林卡動物園位於主體建築金色頗章的南邊，為私人承包，票價 10 元。

久聞羅布林卡動物園場館不怎麼樣，但動物身體狀況還不錯。過去看了一趟，還真是……

這裏的場館基本是二三十年前的設計。除了猴子擁有一座坑狀的猴山，小熊貓擁有一點豐容的籠舍，其他的動物基本都生活在空蕩蕩的水泥鐵籠裏。看着靈敏的雪豹待在空蕩蕩的籠子當中，真讓人難過。

然而，這些動物的身體狀況看着還不錯。尤其是幾頭雄性梅花鹿，看那張牙舞爪的鹿角、強健的脖頸、燦爛的一身梅花點，可以説十分雄壯了。

然而，身體的狀況好，並不代表行為也好。請記住，我們去動物園，看的永遠不只是物種，更是牠們的自然行為。這樣狹小單調的籠舍，無法讓動物展現出自身的自然行為，我們沒法看到鹿跑步，雪豹上躥下跳，熊挖洞，狼集羣社交。不僅如此，糟糕的籠舍還會造成刻板行為，也就是動物無事可做憋壞了，做出一些單調、重複、毫無意義的動作。

更糟糕的是，這裏的投餵也不鮮見。我遇到一個藏族老大媽，帶了一筐桃子，認真地一個一個餵白脣鹿。白脣鹿是中國西部高原特有物種，特點是下巴和嘴脣白。這頭大公鹿身體的狀況也不錯，很好看。牠啃桃啃得嘎嘣嘎嘣，核啃得比我乾淨。當時我想勸別餵吧，又有點説不出口，語言還不通。

梅花鹿

曲水動物園

也許在未來，這裏會成為一個養着動物的綜合休閒場所。

曲水動物園位於拉薩貢嘎機場附近的曲水，離市區較遠，必須自駕前去。門票80元，並不便宜。

這座動物園又名西藏拉薩淨土健康動物保護園，這個又長又繞口的名字，讓人覺得這裏不只擔負了動物園的職責。進去一看，果然，園內有酒店、室內滑雪場、遊樂設施，也許在未來，這裏會成為一個養着動物的綜合休閒場所。

曲水動物園最厲害的，是引入了一頭亞洲象。拉薩上一次擁有大象，還是五十多年之前，之後一直沒有引入成功，其難度可想而知。這頭象來自昆明，千山萬水來到了海拔3600米之上的雲端。牠是如何適應高原的？之前的新聞裏說，象館裏還有加氧設施，看來園方為了養活大象，費了不少心思。

但是，我去的時候沒有看到大象。動物園門口立了一個牌子，給我當頭澆了一盆冷水：因遊客亂投食，導致大象得了腸胃疾病，現在大象正在接受治療，近期暫不對外展出。從經驗看，大象不是很容易被投餵壞的動物，大概高原的水土還是讓牠有些不服吧。（截至本書出版時，曲水動物園的這頭大象已經病死，他們又引入了兩頭大象。）

逛完一圈，我感覺曲水動物園還處於未完成的狀態，很多館舍尚處於建設當中。猞猁、猴、狼、環尾狐猴、高山兀鷲等八竿子打不着的中小型動物，全部養在相鄰的一片小籠子當中，未來應該會分門別類、按主題來安排籠舍的吧？

那些新建的籠舍，看起來並不比羅布林卡動物園的要好多少，都是小小的水泥鐵籠，只不過更新一點而已。獅子、藏馬熊、黑熊都擠在這樣的小籠子當中。但牠們周圍還有一些空地未用，應該會建外舍的吧？已經建好的老虎和大象的外舍，看起來還是有點空，大概未來還會繼續補豐容的吧？

場館沒有建好，更多的動物自然無法入

被「投餵壞了」的大象居住的場館外豎立着這麼一塊牌子

這根柱子不是豐容用的柱子，而是電線杆

住。園內展示的西藏本土物種目前僅限於藏馬熊、黑熊、藏原羚、岩羊、藏雞、黑頸鶴，看起來狀態也就那樣。這裏的藏原羚和岩羊是混養的，這個混養未必很合理。大公羊被一條鐵鍊鎖了起來，大概是為了防止傷害羚羊。

園中養得最好的動物莫過於鴕鳥。拉薩的氣候乾燥，闢出一片荒地，很容易模仿鴕鳥原產地的乾旱沙地。公鴕鳥在發情季節外貌會發生一點變化，嘴和小腿都會呈現出亮麗的粉色。這裏的公鴕鳥粉得特別豔。我去的時候，正好看到一公一母展示了交配行為，現場十分激烈。

但就這一季來看，曲水動物園的觀感不值 80 塊的票價，期待徹底建成之後的場景。至於羅布林卡動物園，如果你去了羅布林卡，不妨多花 10 塊錢看一看，那兒的鹿和雪豹都值得看。

華南的動物園

黃紋綠吸蜜鸚鵡

華南地區是全中國動物園平均水平最高的一個區域。這個區域經濟發達，氣候溫暖，這都是興建動物園的助力。別的不說，一個廣州城，就有三座很厲害的動物園，這在別的地區想都不敢想。

長隆野生動物世界

這是一個具有開創性地位的動物園，
是國內很多野生動物園的模仿對象。

廣州的長隆野生動物世界，是一個具有開創性地位的動物園。它有新加坡動物園的影子，同時也是國內很多野生動物園的模仿對象：它的好，模仿者們有時學得會；它的壞，有時又被模仿者們給放大了。

可以說，僅從遊客的觀感來看，長隆野生動物世界是國內最好的動物園，但它也充滿爭議，離世界先進水平差得遠。

想要看看全世界的華麗物種？來長隆就對了。相較於其他的動物園，長隆雄厚的經濟實力讓他們可以極力充實自身的動物陣容。當別的動物園展示白犀牛的時候，長隆就有了黑犀牛；當別的動物園把袋鼠當亮點時，長隆在展示樹袋熊；當別的動物園裏千篇一律地展示白頰長臂猿時，長隆的林間遊蕩着來自東

南亞的合趾猿……這樣的例子不勝枚舉。在去長隆野生動物世界之前，大家不妨先去逛逛自己身邊的動物園，再去那兒就會發現長隆的物種有多神奇。

舉一個例子，長隆野生動物世界擁有普通動物園裏常見的河馬，也擁有倭河馬。這兩種動物很適合對比着看。

我很喜歡大嘴的河馬。得益於各種科普，大家都知道河馬是非洲殺人最多的大型動物，非常地蠻橫。但牠們其實也很講道理，在動物園裏是非常聽飼養員話的動物。厲害的飼養員，可以徒手給河馬刷牙，這至少在長隆飛鳥樂園裏可以看到。而在長隆野生動物世界裏，還飼養着一羣倭河馬。倭河馬是河馬的親戚，比河馬小好幾號。牠們和鵜鶘混養，水中還有很多吃屎的魚。看着這些「小傢伙」在水裏邁着太空步，能感覺到萌得可愛。

長隆野生動物世界也非常捨得為動物花錢，他們展示動物的水平是國內最高的。

想知道這個動物園的展示水平有多高超，看看他們的亞洲象就好了。你別看中國絕大多數動物園都有亞洲象，但這種龐然大物其實是很難展示的動物。大象大，需要的領地就大；牠們是羣居動

合趾猿，全世界最大長臂猿，國內沒幾家有

物，一兩頭可過不好；作為熱帶物種，亞洲象生活的自然環境複雜度可不低。想要在人工環境裏滿足牠們的需求，不容易。

但在長隆，你可以看到這樣的畫面：飼養員把食物綁在高柱上，大象們像在野外摘食樹上的葉片一樣，努力找高處的食物。大片的運動場上是細沙地，大象們會用鼻子捲起一堆堆沙土，往自己的背上撒。而在另一邊是一個水池，若是天熱，大象們可以下水嬉戲。

國內能讓大象行為這麼豐富的動物園沒有第二家。

長隆野生動物世界不光是大動物展示得好，小動物也不孬。借助於廣州炎熱、潮濕的氣候，這個動物園很容易就能擁有一片漂亮的小森林。他們的大食蟻獸、黑白領狐猴、環尾狐猴、金絲猴都住在這樣的森林當中，至少環境的豐富程度有所保障。

長隆野生動物世界的許多展區和人的步行區離得很近，也沒有太多的隔離。但這裏的動物行為都特別豐富，不會乞食。這說明平常也沒有甚麼人投餵。這是怎麼做到的？我覺得有三個原因：一是門口的安檢，擋住了自帶的食物；二是門票貴；三是隨處可見的管理員，管住了遊客，也管住了動物。

尤其是這第三點：長隆野生動物世界和很多動物園不一樣，他們的基層員工數量非常多，有很多人負責站在展區附近，一邊講解，一邊管遊客，一邊管動

大象抬起上身，架在木頭上，取食高處的乾草

大象和飼養員噴水互動

金絲猴幼崽

物。像這兒的環尾狐猴，最近可以和遊客相聚一米，往前一跳就可以出展區。就是靠管理員在那兒看着，牠們才不會出來。同時管理員在人多的時候也會稍微投一點飼料，這樣便可提升動物的活躍程度。這種靠人守着的模式，縮小了動物和人的距離，增加了動物的活躍程度，極大地改進了遊覽的體驗。國內有些野生動物園學長隆的場館設計，卻不像他們那樣僱那麼多人，這就會搞出很多混亂。

但是，過分追求「神奇動物」，長隆野生動物世界又造就了兩個惡果。

第一個惡果，是對白虎這樣的畸形動物的追捧。白虎是基因發生突變的孟加拉虎，在天然環境中極其少見，因為白色可不是好的隱蔽色。因為人類喜愛白色，白虎獲得了遠超普通老虎的喜愛和珍視。現在動物園裏的大批白虎，基本都是 1951 年被人類抓住的白虎莫罕的後代，幾乎是近親繁殖的產物。在「製造」白虎的過程中，大量的近親繁殖造就了很多「殘次品」，就算沒有明顯的畸形，白虎的體質、行為也比一般老虎要差，毫無野放的可能，也沒有保護價值。而長隆除了大羣白虎，還玩着金虎、雪虎等諸多花樣。

動物園以這些畸形虎為明星，會擠佔真正的珍稀動物的資源，長隆野生動物世界的正常老虎居住的環境就比這些畸形虎要差。這是對老虎保護事業的曲解和嘲弄，只是吸引遊客的低劣噱頭。

另一個惡果，是對野生動物的捕捉。2015 年，長隆集團一次性進口了 24 頭非洲象幼象，這個數字更加讓人震驚。這是個甚麼概念？非洲象是羣居動物，異常聰慧，也異常團結。在正常的情況下，牠們絕不會拋棄自己的幼崽。是甚

所謂的「金虎」

麼，讓這麼多象羣放棄了自己的孩子？這背後的故事讓人不敢想。

長隆集團收集動物充實收藏的行為，有時候會讓我的腦海裏浮現出「貪婪」二字。他們購買非洲象，還可以做展示。但我實在不明白，長隆為何還擁有雪豹。就這幾年，長隆設法從西北搞來了一隻或者兩隻雪豹，養在後台，沒有見人。在廣東省養雪豹，難度要遠大於養熊貓。

長隆集團的飼養團隊內地最強，沒有任何一個動物園可望其項背。他們的一大成果，就是接連實現了多種國外國寶在中國的首次繁殖。

長鼻猴就是一例。這裏我得岔開吐槽一句，實在忍不住：長隆特別喜歡放着常用中文名不用，生造名詞。長鼻猴他們一定要叫大鼻猴，紅毛猩猩一定要叫黃猩猩。乾脆，我們也給長隆改個名，叫「大隆」吧！

説回長鼻猴。2017 年下半年，長隆野生動物世界引入了這種馬來西亞國寶，這在中國尚屬首次。長鼻猴最顯著的特點，就是臉上的大鼻子，牠們是種以鼻大為美的動物。尤其是雄性，有一種極為雄偉的怪誕感。

長鼻猴不好養，但這些動物在長隆生活得不錯。更厲害的是，2018 年下半年，長隆的長鼻猴產子了。我恰好認識長鼻猴的奶媽，她在猴媽媽預產的那一個月一直沒有休息。動物園飼養、管理動物時，需要通過行為訓練的方式來執行一些操作或者加深動物和飼養員之間的默契。長隆的長鼻猴媽媽和人類奶媽之間就很默契，前者允許後者摸着牠的肚子檢查身體，感受胎動。而這，就是長隆飼養員的實力。

這樣的例子還有很多。於是乎，長隆的熊貓繁殖得很好，獅虎繁殖得很好，考拉繁殖得很好，你想得到的各種珍稀動物，只要到了長隆，就能繁殖，甚至經常出現多胞胎的奇跡。這一方面歸功於廣州的氣候，另一方面還真的就是長隆的飼養水平高。

但另一方面，我總覺得這樣的繁殖又缺一點甚麼。長隆津津樂道的繁殖水平，確實是實力。但這份實力中缺乏一點突破，也缺少一些擔當。

雄性長鼻猴

長鼻猴媽媽和孩子

這話怎麼講呢？我們不妨看一看海峽對岸的台北市立動物園。比物種，比展示水平，比飼養、獸醫團隊，這兩個動物園難分伯仲。但如果看一看台北市立動物園的格局和既往的功勞，長隆瞬間就矮了一頭：台北市立動物園擁有台灣動物區，這個區域是本土動物的保護、繁殖、宣教基地。台北市立動物園是全世界第一個解決穿山甲人工繁殖的機構，曾經野外滅絕的台灣梅花鹿的種源，也是他們保護下來的。

廣州也有許多野生動物，但長隆在展示本土物種上是極度缺位的。這就意味着，他們在本土物種的研究、保護、宣傳上是缺位的。

我這裏並不是鼓吹說長隆應該去抓本土野生動物來養，而是要強調在保護事業上的擔當。國際上任何一個公認一流的動物園，都會憑藉自己的繁育實力反哺大自然，想方設法解決一些珍稀動物的繁殖、保護問題。台北市立動物園如是，新加坡動物園如是，紐約布朗克斯動物園如是，瑞士蘇黎世動物園如是。長隆野生動物世界想要躋身世界一流，在這方面還差得遠。

長隆野生動物世界，是中國自然教育做得最好的動物園之一。依靠大量的基層員工，長隆幾乎每種動物都有人講解，不論講解的水平如何，能實現這樣的全覆蓋，在中國的動物園中幾乎找不到第二家。我 2018 年去的時候，園區內的科普牌似乎正在更新。一批新製作的科普展板頗有設計感，讓人想看。

要說整個長隆野生動物世界中最好的科普陳列是哪一個，我會選考拉館中的科普館。這個場館用大量的實物和文字，非常詳盡地介紹了考拉的生態、食性和行為。如果能夠完全看完，收穫會很多。

館中最妙的一件藏品，是一塊考拉的皮毛，這是給人摸的。

考拉皮毛標本

上海動物園也有動物毛皮標本給人摸的環節。但和長隆的這塊考拉皮一比，上海動物園的標本科普就粗糙了。這塊考拉皮，只留下了背皮和臀皮，製作者這麼切，是有原因的。

考拉，或者叫樹袋熊，常見的狀態是找個樹杈，往那兒一坐。我們人類也是經常坐下的動物，於是，我們的臀部上有一個脂肪墊層來緩衝。而考拉臀部上的毛就比背部要厚得多，摸起來像一張地毯。而背毛的質感更加柔軟細密，是用來遮風擋雨的。這樣功能上差異帶來的不同，摸一把，馬上就懂了。如此處理標本，是在讓自然自己介紹自己。這是最高級的自然教育手段。

就是這個姿勢

紅毛猩猩

這種依靠表演吸引遊客的模式幾乎是深入長隆骨髓的，他們很多日常的展示都像是馬戲。例如，長隆特別喜歡讓紅毛猩猩表現出一些擬人化的行為，給點吃的鼓個掌甚麼的。

但在近幾年，長隆的動物表演慢慢在變。馬戲的成分在漸漸退去，再過幾年，他們的「行為展示」就不用打引號了。這一次我去長隆，感覺變化最大的莫過於大象的「表演」。幾年前，他們的大象還會倒立，還會雜耍。但現在的「表演」，就是跑上台，一腳踩碎一個椰子，嚼爛一個南瓜，展現自己取食的行為。這的確可以說是行為展示了。

提供皮毛的，是一隻病死在長隆的雌性考拉，名叫喬治娜（Georgina）。這是個英雄媽媽，深受飼養員們的熱愛。在突然逝世時候，牠的奶媽傷心了很久，最後決定把牠製成標本，放在考拉館裏講述這個家族的故事。這也是飼養員們對牠最後的愛與紀念。

當你撫摸這塊皮毛的時候，請感受牠所受的病痛和愛，以及一位母親曾經的溫暖。

如果說自然教育有反義詞，那就是動物表演。一直以來，長隆飽受爭議，很重要的原因就是這裏的動物表演太多了。

這樣的改變，源於外部的壓力，源於遊客的慢慢覺醒，也源於長隆內部希望改變。但作為一個大企業，養的人那麼多，全園的思想肯定不會那麼快就統一。長隆野生動物世界內每天有多場表演，還是有一些依舊有馬戲的痕跡。希望這些馬戲早日被淘汰。

南方豐沛的水網，給此地帶來了漂亮的濕地，
園中的水鳥是最值得看的。

相比之下，同在廣州的長隆飛鳥樂園的看點不少，槽點更少。

長隆飛鳥樂園很小，認真看，逛個大半天也能看完。這裏飼養的動物以鳥類和兩棲、爬行動物為主，哺乳動物很少，不追求大而全，不喜歡鳥的人大概不會來。加之地方偏，這兒的遊客遠沒有野生動物世界那樣人擠人。人少對愛好動物的人來說是個好事，干擾少了嘛。

這座動物園中最有名的動物莫過於朱鶚。國寶朱鶚的復活故事家喻戶曉，是中國野生動物保護的一座豐碑。但在動物園當中，想要看到這種國寶，難度遠高於看到熊貓、羚牛，整個中國都沒有幾個動物園有。飛鳥樂園的這批朱鶚來這兒也應該沒多久，園內還有慶祝朱鶚來臨的展板。

長隆飛鳥樂園建在河邊。南方豐沛的水

朱鶚

白頭鶴

網，給此地帶來了漂亮的濕地。園中的水鳥是最值得看的，水鳥當中，又以幾種鶴最為漂亮。這些鶴生活在分散於水體當中的幾座小島上，島上滿是鬱鬱蔥蔥的植被。丹頂鶴、灰鶴、白枕鶴、冕鶴等大長腿散居其間。陣容不如大連森林動物園，但在亞熱帶氣候的加成下，展區環境更好看。

這兒養的鶴中，我最感興趣的是肉垂鶴，無他，我是第一次在國內的動物園裏見到這種動物。長隆集團不太關注本土物種，飼養的動物放在全世界動物園行業內也多是動物園常見種，但很多物種，還真是他們最早或者較早引進國內的動物園當中。如果我沒有弄錯，肉垂鶴就是一例。

肉垂鶴

肉垂鶴是一種原產於撒哈拉以南地區的非洲鶴，最顯眼的特徵是掛在下頜後方的兩個覆蓋白毛的小肉垂。每當這種動物擺頭的時候，肉垂就會抖來抖去，特別萌。相比別的鶴，肉垂鶴的紅嘴看起來尤為細長、尖銳，顯得特別兇。要是被她戳上一下，估計會被扎穿吧！

這麼好的原生植被，顯然會吸引來不少野鳥。

看！這是黑水雞。別看她身材矮胖，跟個雞似的，但黑水雞在分類學中其實是一種廣義的鶴。所以，野生的黑水雞生活在鶴區，那是特別地合適。

黑水雞

黑水雞的額頭有看起來像骨質的結構，和嘴巴連為一體，都是紅色的，因此也被稱為紅骨頂。他們有一雙大腳，擅長在水生植物豐沛的水中穿梭，就踩在植物上走。看着他們在綠地上來回跑步、尋找食物，有種生機勃勃的感覺。

可惜的是，長隆飛鳥樂園的科普沒有覆蓋黑水雞、大小白鷺、池鷺等一定會出現的野鳥，一般遊客很難注意到這些有趣的生靈。

鴛鴦

而在沒有甚麼水的陸地上，飛鳥樂園展區造景做得很棒。這兒的雉雞、小型水鳥，按種類單獨養在各自的籠舍當中。想想動物園雞舍鴨圈的平均水平，那都是小小的一個鳥籠，有沙地就算不錯了。但飛鳥樂園根據各種不同鳥類的習性，生造出來了許多不同的環境。這其中最好看的就是鴛鴦籠。

這兒的鴛鴦籠中沒有陸地，內部直接注上了水。但籠中放置了一些樹枝、橫木，栽種了許多灌木、小樹，鴛鴦想離開水，上樹就行。鴛鴦這種鳥類啊，其實是一種樹鴨，牠們喜歡在水裏生活，也會在樹上築巢、生育後代。這樣的造

景，除了樹不夠高之外，那是又合適又好看。

但要說造景，飛鳥樂園造景水平最高的當數兩棲爬行動物館。這個兩爬館堪稱國內動物園第一。

國內動物園的兩爬館多是讓人絕望的存在。很多動物園直接把這個部分外包，承包商為壓低成本，就往裏放一些常見又便宜的寵物種，也沒啥設計和豐容，養死了就換一條。還有一些動物園會把場館、展缸的設計外包，外部團隊設計得可能不錯，但動物園自己的人不太懂保養，時間一久就糟糕。而飛鳥樂園的

這些展缸，都是由飼養員設計製作，自己做保養。而且，這些飼養員的水平還不低。

我們來看看這個雨林缸吧！所謂雨林缸，就是一種復原雨林微生態的展示缸，缸中需要恆溫、恆濕，才適合雨林動植物的生活。這個雨林缸中有朽木，有苔蘚，有蘭花，有泥土，有小水池。一看就是用來養兩棲動物的。

裏面住着誰？斑腿樹蛙。

斑腿樹蛙就是廣東的原生動物，其實很常見，飛鳥樂園中就有自然分佈。作為一種樹蛙，牠們的指頭上有吸盤，適合爬樹。這是一種性格很膽小的動物，生活在這樣的雨林缸中，牠們也能找到能夠用來躲藏的角落。

斑腿樹蛙的雨林缸

飛鳥樂園兩爬館的物種構成非常精彩。有陸龜，有蛇，有蜥蜴，有蛙，有蠑螈。國外的物種有鬣蜥、變色龍、安樂蜥，國內的珍寶有斑腿樹蛙、瑤山鱷蜥等。

這樣精彩的造景和物種構成，讓它超越了長隆野生動物世界的兩爬展區。後者基本只有蛇，造景用的基本是塑膠的假樹、假葉子，要無聊太多。

瑤山鱷蜥

廣州動物園

廣州動物園最值得看的動物是海南坡鹿。

廣州動物園近幾年在軟實力上的進步非常快。我第一次逛廣州動物園是 2015 年，那時，我的首要目標是金貓。結果逛了一大圈，才在角落裏找到了一個小小的籠舍，旁邊標記着金貓的名字。可惜，來來回回了幾趟，也等了好久，也沒有等到金貓的影子。旁邊也不怎麼好的籠舍裏，大靈貓呆呆地盯着我。倒是讓我看到了一種動物園裏少見的物種啊。

大靈貓，此照片拍攝於 2015 年

三年過去，廣州動物園的金貓養沒了，大靈貓也養沒了。但同時，那一排破舊、狹小的籠舍也沒了。

走了金貓和大靈貓之後，對於我們這些動物園愛好者來說，廣州動物園最值得看的動物是海南坡鹿。在海口三園記中，我寫過坡鹿這種動物。相對於海南熱帶野生動植物園那個乏善可陳的坡鹿展區來說，廣州的這個籠舍要好得多。坡鹿的泥土地外場圍繞着室內籠舍，動物想出去就出去，想回來就回來。於是，在大部分時候，害羞的公鹿躲在室內，牠那些大大咧咧的妻兒在樹木不少又多躲避處的外場裏想走就走，想睡就睡。

鹿場的一角，有園方和志願者一同製作的本傑士堆。本傑士堆是動物園中的一種豐容利器，粗看就是一個柴堆，點上

坡鹿，睡得跟死了一樣……

本傑士堆

就能燒個篝火那種。但其實，這樣的柴堆內有乾坤。本傑士堆的核心，是這個堆是活的。木頭堆一方面可以給大動物玩，一方面會給植物和小型動物提供庇護；反過來，堆中的小生態，也會讓大動物生活在更自然的環境中，增加牠們行為的豐富程度。

在國外，本傑士堆是動物園的基礎技術，現在被慢慢引入了中國。近些年，廣州動物園越來越注重動物的福利和展示的效果，一方面在拆老式的小籠舍，一方面分出來了幾個人給動物做豐容。

廣州動物園的熊們就是豐容的受益者。我去的時候，飼養員給熊扔了幾個椰子。兩頭棕熊簡直是玩瘋了！牠們一熊一個椰子，就把椰子當球玩，在地上踢了踢，就扔到了水裏去。沒想到，這次飼養員買的是老椰子，比上一次豐容時買的嫩椰子密度大，一下水就沉底了。結果，有個椰子怎麼都撈不起來，兩頭棕熊只好玩同一個椰子。玩了一會兒，兩熊終於達成共識，戀戀不捨地把椰子放在突出的石頭上，用力壓了一會兒，將椰子給壓碎了。每頭熊拿了一半椰子，又開心地啃了半天。

隔壁的馬來熊夫婦，可就不像這對棕熊這樣友愛和諧。這兒的馬來熊丈夫，明顯比牠的妻子小上一號，是個「戰五渣」。有一次，飼養員給牠們準備了一顆很大的菠蘿蜜，菠蘿蜜嘛，是馬來熊老家的水果，在野外遇到馬來熊也不會客氣。一扔進去又被熊老婆霸佔了。熊老公在旁邊可憐兮兮地想分一口，結果被熊老婆給趕下了水。菠蘿蜜吃完，熊

馬來熊，此照片由廣州動物園的 Rocky 拍攝

老婆呼呼大睡，熊老公才敢上前舔一舔吃剩的木質芯。哎，動物們也有「霸凌」啊。後來飼養員學乖了，買榴槤給牠們吃的時候，選了兩顆。你們猜，大的那一顆被誰給搶走了？

榴槤也是馬來熊老家的水果，但它還有一個好：不容易開。馬來熊可是動了點心思，但相比我們，牠們吃榴槤輕鬆多了。

我第一次注意到廣州動物園近期的豐容工作，是 2018 年 9 月。那時，百年不遇的超強颱風「山竹」襲擊了珠三角，幾座城市樹倒路癱，人們一片哀嚎。沒想到，廣州動物園的官方帳號喜氣洋洋地發送了幾個影片：樹倒啦！好多木頭啊！給動物做豐容有材料啦！直到現在，很多動物的場館裏還有一些大木頭，那都是拜「山竹」所賜。

簡直是太可愛了。

小熊貓

廣州動物園的老破籠子都拆得差不多了，新建的展區都儘量符合自然的環境，還有些不夠好，但至少大方向出來了。

廣州動物園的小熊貓館，就是這種大方向下的代表。這個小熊貓館非常大，外場有密集的植被，甚至有幾棵非常巨大的樹，上面加裝了軟體相連。園方還引入了一條小溪，不但小熊貓能夠喝水、玩水，野生的小鳥也會在這裏洗羽毛。這兒豐容太好了，以至於小熊貓不想給人看的時候人類肯定看不到。這就需要園方的引導，一方面通過餵食和行為訓練讓小熊貓儘可能喜歡在外面玩，一方面引導遊客好好找。

但這個小熊貓館有巨大的缺陷：完全沒有防投餵設施。於是這片區域內的投餵現象特別嚴重。籠舍的邊欄非常矮，下方就是一條裸露的排水溝，人一投餵，小熊貓就會在排水溝裏立起身子乞食，甚麼自然行為都沒了。目前，園方完全是在靠志願者來勸導。廣州動物園的志願者大多是年紀輕輕的大學生，缺少社會經驗，單純而稚嫩，碰到一些年紀大了又不自覺的人，缺乏震懾力。這麼勸，也不是長久之計。

另一個防投餵沒有做好的例子是黑猩猩場館。這個黑猩猩場館，無論是植被、爬架都不錯。聽說飼養員也特別盡心，還會給生了孩子的母猩猩熬老火靚湯下奶，這可實在是太「老廣」了。但就是防投餵沒做好，沒有把黑猩猩的生活和遊客隔離開，結果有個個體養成了往外扔東西報復遊客的習慣。

廣州動物園的很多場館都是這樣，改了內部設計，豐容、綠化、爬架、玩具甚麼都漂漂亮亮的，就是沒有防投餵。這簡直是木桶上的短板，讓水平面下降了好多，太可惜了。

黑猩猩

下水的亞洲象

全世界的動物園，曾經都是個「收藏癖」，飼養動物的種類越多越好，中國的動物園也不例外。但是，當人們發現，一個背負着保護珍稀物種、教育大家熱愛自然的機構，卻需要端着槍去野外抓動物，這就會出現一個巨大的悖論。加上法律的完善，使得絕大多數動物園不可能再去野外抓動物來豐富收藏，因此，「收藏癖」的道路走不下去了。那怎麼辦呢？必須走上精品展示的道路，通過動物展示出來的豐富行為，讓遊客覺得有趣，讓遊客樂於再來。

廣州動物園的動物就變少了，亞洲金貓沒有了，大靈貓也沒有了，這是巨大的遺憾，也說明在飼養這幾種動物時有一些問題。但這未必是一個壞事。如果動物園能把精力放在養好動物、做好展示上，讓大象談情說愛，讓小鹿自由奔跑，讓馬來熊「耙耳朵」（怕老婆），會比單純多幾種動物更可貴。

南寧動物園

南寧動物園的靈長區面積不光大，還有不少有意思的物種。

若要問我覺得南寧動物園有甚麼特色，那我肯定會說是這兒的靈長類。

南寧動物園的靈長區是一個濃墨重彩的靈長區。這兒面積不光大，還有不少有意思的物種。黑猩猩、赤猴、環尾狐猴、松鼠猴等非洲、美洲的靈長類不少，但要我說，南寧動物園的靈長類裏最有意思的還是烏葉猴和長臂猿這兩類亞洲靈長動物。

在昆明動物園的遊記當中，我曾提到過葉猴這個類羣。昆明動物園的菲氏葉猴調皮可愛，南寧動物園的葉猴也不孬。這兒有中國動物園裏不算罕見的黑葉猴，牠全身黑色，腦袋上有毛冠，臉頰上有白毛，看起來像「一戰」前的德國貴族，但又伶俐可愛，身形靈活。

黑葉猴是中國南方和越南北部特有的一種葉猴，在野外僅剩大約 2000 隻。在廣西，還有一種更為稀少的葉猴，名叫白頭葉猴。科學家以前認為白頭葉猴是黑葉猴的一個亞種，但後來還是獨立了。想看白頭葉猴，得去廣西的幾個保護區，南寧動物園沒有。但這兒飼養了一些東南亞的葉猴。

南寧動物園中生活的一種灰色的葉猴便是其一。園方給牠們標註的名字是銀葉猴，但動物園愛好者們不太同意，認為是與之相像的傑氏葉猴。傑氏葉猴也稱印支葉猴，生活在中南半島的南部。這兩種葉猴有一大區別是臉。相比銀葉猴，傑氏葉猴的臉頰上有明顯的白毛 —— 張飛、李逵年紀大了，鬍子大概就長這樣。南寧動物園的這種灰猴子臉頰上的白毛就特別明顯。

黑葉猴

傑氏葉猴

黑腿白臀葉猴

除了傑氏葉猴，南寧動物園還展示過一種更為漂亮的葉猴，那就是黑腿白臀葉猴。

白臀葉猴屬下的紅腿白臀葉猴是全世界最美的猴子，不接受反駁。牠們的親兄弟黑腿白臀葉猴的顏色沒有那麼花哨，但依舊有秀美的臉龐，臉上的金斑和藍下巴看起來像京劇臉譜，頗為可愛。前面這三張圖，是我幾年前在南寧動物園裏拍攝的。幾年過去了，不知甚麼原因，南寧的黑腿白臀葉猴撤展了。這實在讓人可惜。

無論是黑腿白臀葉猴還是傑氏葉猴，都是東南亞的物種，尤其是前者，據說全

世界唯二的人工種羣就在南寧動物園和番禺長隆野生動物世界。一開始這些動物是怎麼來的，也實在讓人有點費解。

若論靈長類的物種數，南寧動物園甚至進不了中國前三。我覺得這兒的靈長類好看，更重要的原因是羣體數量。就説傑氏葉猴、白頰長臂猿這兩種動物，南寧動物園繁殖得特別好，都有一大羣。這兒的場館有好有壞，總體不差，氣候又特別合適，動物的行為就特別好看。甚麼孩子四處皮、搶叔叔的吃的啊，叔叔告家長啊，媽媽揍熊孩子啊，叔叔給媽媽理毛啊，這些行為，都看得到。

但更有意思的，還得數長臂猿。

我在中國動物園系列當中重複了很多次：如果一個動物園有長臂猿，那儘量早一點去動物園，很可能會聽到長臂猿的歌聲。這類動物會在早上用歌聲宣示領地，和同類交流。南寧動物園的長臂猿至少有黃頰長臂猿、白頰長臂猿、白掌長臂猿和戴帽長臂猿四種，前兩種都有大羣。長臂猿是一類愛熱鬧的動物，

雌性戴帽長臂猿，姑姑是你嗎，姑姑？

一隻叫起來，大家都會叫，這種湊熱鬧的現象在動物園的長臂猿中常常是跨物種的。南寧動物園有那麼多長臂猿，聽到唱歌的可能性就高，歌聲也會鬥得很精彩。

目前，南寧動物園也在興建更好的新靈長館，期待建成後的展示效果。

除了靈長類中的那些罕見物種，南寧動物園還有一些獨一份。這裏是全中國罕有的展海南虎斑鳽的動物園，而且還是一個小小的種羣，生活在滿是樹木的籠舍當中，不知在這樣的環境下海南虎斑鳽能否繁殖。

不過可惜的是，這些海南虎斑鳽的展示做得不太好，完全沒有突顯出牠們的罕見和身分的特殊，遊客常常是走過之後視而不見。要我説，園方就應該在海南虎斑鳽的籠舍旁邊立一塊牌子，上面寫上「鳥中大熊貓」五個大字，再徐徐科普。這樣一種鳥，不了解的話一般人很難注意到。

南寧動物園還飼養着一頭中華白海豚，這也是全中國獨一份。這個個體是救助而來，但可惜的是，牠在動物園裏生活的時候發生了意外，上喙斷掉了。南寧動物園曾拿這頭斷喙中華白海豚做過馬戲表演，遭到了強烈的反對，許多人憤怒聲討過。現在，這個個體似乎沒有再表演了，但也沒有被放在合適的籠舍中展示給遊客。這是個很可惜的事情。

據我了解，南寧動物園裏的寬吻海豚、海獅還在表演。除了這些海獸之外，南寧動物園還飼養着一些海龜，但這些海龜都生活在狹小的水池中，讓人覺得有些憋屈。

海南虎斑鳽

寬吻海豚

海南熱帶野生動植物園

這座動物園有東南亞特有種動物，場館也很有東南亞的感覺。

海南熱帶野生動植物園，從名字上就明示了自己和熱帶的關係。

坡鹿是這座動物園的一大看點，牠們是一種東南亞特有種，在中國僅有海南分佈。這是一種中型鹿，比梅花鹿稍微小一點。和其他的鹿類似，坡鹿中只有雄性才有角，牠們的角形如彎弓，較好分辨。在海南的方言中，「坡」指平地，因此「坡鹿」就是平地上的鹿。另外，坡鹿擅長跳躍，因此也被稱為「飛鹿」。

全世界的坡鹿生存狀況都不好。這種鹿有三個亞種：指名亞種生活在印度東北部的曼尼普爾邦，2004 年的野外調查顯示僅有 182 頭指名亞種坡鹿在世，但好消息是數量在增加；緬甸亞種是存續狀況最好的一種，但也僅剩大約 1000 頭，並且棲息環境受到了威脅；最差的則是泰國亞種，在東南亞，牠們分佈於泰國、柬埔寨、老撾和越南，在泰國和越南可能已經滅絕，只有柬埔寨和老撾還剩一點。

坡鹿

海南坡鹿隸屬於泰國亞種。在海南，坡鹿曾經被當成壯陽的神物，遭到大肆捕殺，在 20 世紀時近乎野外滅絕，還好被保護工作者拉了一把，救了回來。這種巫醫思維流毒於今，海南熱帶野生動植物園中還有鹿茸酒賣，但好歹沒擺在坡鹿的場館前。

鹿茸酒

據我所知，在中國的動物園界，離開海南，就只有廣州動物園還有幾頭坡鹿。坡鹿在北方難養，也和牠們適應熱帶有關。海南熱帶野生動植物園的坡鹿場館倒是也沒太把坡鹿當寶貝，籠舍條件不怎麼樣。這個展區位於車行區當中，車行區在食草動物的籠舍前是可以下車觀看的，但大部分遊客完全沒能從動物園的展示中感覺到海南坡鹿的稀奇，看不了幾分鐘就走了。

雄性坡鹿的角形如彎弓

這是現場唯一帶角的雄鹿，雖然年輕，角還很稚嫩，但彎弓形已經出現了。其他的雄鹿呢？鹿角被鋸掉了。

而海南熱帶野生動植物園的另一種寶貝——紅頰獴——也是一種熱帶動物，廣泛分佈於東南亞。這種小獸在中國分佈於兩廣、雲南和海南，海南的還是個獨立亞種。據我所知，全中國僅有這一個動物園擁有。但可惜的是，我去的時候，小獸展區在維修更新，紅頰獴沒有展。

紅頰獴是一種異常兇悍的小獸，擅長抓蛇，尤其擅長抓毒蛇。牠們鬥蛇的時候是以巧取勝，會圍着蛇像神經病一樣四處跳躍，讓蛇攻擊不到，然後伺機跳上去咬。毒蛇的耐力一般都很差，被折騰個幾次，也就暈了，最終變成了紅頰獴的菜。

在東南亞，紅頰獴是一種動物園常見的動物。我曾在緬甸的仰光動物園裏，看到園方把紅頰獴的場館安排在蛇區，簡直是太壞了。

紅頰獴，此照片拍攝於仰光動物園

海南熱帶野生動植物園中還有數種如此有東南亞感的動物。不但如此，這兒的場館也很有東南亞的感覺。大多數東南亞國家比較窮，不是個個都像新加坡那樣能夠用特別先進的理念和技術建出超現代化的動物園。但東南亞有氣候優勢，溫度高、濕潤，植物生長特別快，隨便圈一塊地，只要不破壞其中的生態，利用原有的植被或是乾脆等着植物自己長起來，都能夠做出鬱鬱蔥蔥、環境很好的展區。

這個動物園的巨蜥展區就是如此。園方圍了一棵樹，在裏面放了個水泥做的假倒木，然後就把澤巨蜥給放了進去。展區裏長出了灌叢，附生植物也攀上了假倒木和大樹。我去的時候，澤巨蜥爬上了樹，在樹杈上呼呼大睡。對比很多動物園拿小缸養巨蜥，這個原生的大展區多麼好看啊！

這個展區也有兩個問題：澤巨蜥喜水，展區中要放一個水池就更好了；另外，植被太好，會遮蔽遊客的視線。遊客想看，就必須得找。找，是一種樂趣，但前提是找得到，找不到就會特別生氣，這就需要園方想辦法引導。

澤巨蜥

深圳野生動物園

園中最年輕、最好看的兩個場館，是離入口不遠的長臂猿島和金絲猴島。

嘯鳴的白頰長臂猿

如果放在別的地區，深圳野生動物園甚至可以算是中等偏上。但建在深圳，建在華南這樣一個高手雲集的地方，這座動物園只能算是平庸。

園中最年輕、最好看的兩個場館，是離入口不遠的長臂猿島和金絲猴島。島式的靈長館，是一種特別適合熱帶、亞熱帶區域的展示方式。大多數靈長類不會游泳，因此，把牠們放置在水體環繞

逗弄鵜鶘的白頰長臂猿

的島上，就無法離開，可以不用再建圍欄、電網等設施。在溫暖、潮濕的地方，植被的生長特別快，生命力特別旺盛，因此也不用害怕島上的靈長類禍害。

長臂猿島上生活的是白頰長臂猿。島上的林木高低不一，和爬架一同構成了長臂猿的遊樂場。早間時分，相鄰兩個島嶼上的長臂猿會開始鬥歌，顯示自己家庭的實力。牠們也會在林間遊蕩，展現遠超體操運動員的靈活。

周圍的湖水中，生活着一羣鵜鶘。有兩隻鵜鶘，特別鍾情於長臂猿島上的環境，沒事兒就在那兒休息。可以看出長臂猿對這兩隻鵜鶘十分好奇，喜歡跳到鵜鶘附近，觀察這些白色的大鳥。有時候靠得太近，鵜鶘還會張嘴、揚翅抗議。

但你要是想在這兒看到鵜鶘飛行，那肯定會失望。有很多朋友好奇一個問題：為甚麼動物園裏放養的鳥類不飛走？有這樣幾種情況：首先，動物園中有不少鳥本身就是野鳥，牠們只是因為動物園環境好才飛來的，來去自由，走不走都無所謂，比方說很多動物園裏的白鷺、蒼鷺或是綠頭鴨都是如此；其次，有些

動物園的鳥類自小在園裏長大，或是園裏環境特別好，能飛走也不願意離開；最後，不少動物園會利用束翅、剪羽或者斷翅的方法，讓鳥飛不起來。深圳野生動物園的一些水鳥，似乎就是被最一勞永逸但也最殘忍的斷翅方法給束縛住了。

島式展示畢竟是純戶外展示，所以更適合展示一些適應當地氣候、環境的動物。我去深圳野生動物園的時候天氣很涼快，所以無論是長臂猿還是川金絲猴都很活躍。但深圳可是有特別炎熱的季節。在那些時候，來自中西部山區的川金絲猴是否還能像現在這樣活躍，倒是值得打一個問號。

不算長臂猿和金絲猴，深圳野生動物園的靈長類就過得比較悲慘了。牠們居住在狹小的鐵籠中，籠內缺乏豐容，也沒有植物，簡直就和蹲監獄一般。即使是能夠成為大明星的紅毛猩猩，也居住在一個沒有外場的展區當中，那個內舍狹小而單調，又十分陰暗，很難吸引到遊客的注意。這實在是一種浪費。

川金絲猴

紅毛猩猩的簡陋籠舍

華東的動物園

靛冠噪鶥

經濟條件好的區域，動物園行業的水平一般較高，華東和華南兩地區完美地證明了這一點。華東地區可能是全中國動物園密度最高的區域，這裏有不少在國內稱得上水平很高的動物園，有全中國最好的兩座城市動物園。

這裏也有一些不那麼行的地方。最值得注意的是，華東地區是中國動物園同質化最為嚴重的區域，這兒的許多座野生動物園，都擁有相同的經營模式、相似的物種構成，看了一家等於看了許多家。這是好是壞，是一件難以評價的事情。

紅山森林動物園

南京紅山森林動物園和上海動物園，是華東乃至全國最好的公立動物園。

南京紅山森林動物園和上海動物園，是華東乃至全國最好的公立動物園。近幾年來，這兩家動物園進步特別快。

南京紅山森林動物園（簡稱「紅山」）的所有展區中，有兩個尤其精彩：一個是獐麂坡，一個是亞洲靈長區。這兩個展區的建造方式完全不同，但都導向了同一個結果：給動物營造自然的環境，展現自然行為。

獐麂坡，顧名思義是一個坡。紅山森林動物園裏有三個山頭，道路起起伏伏，山上的樹林可真是動物園的寶貝。獐麂坡便是一大片山間林地，有幾頭獐和一羣黃麂放養在其中。

獐和黃麂，是中國原產的兩種小型鹿。這兩種鹿的雄性都有獠牙。鹿上科的動物中有個很有意思的現象：較為原始、

體形較小的種類，雄性會有獠牙——也就是牠們的上犬齒。拿獐來說，牠們的獠牙十分巨大，長可達 8 厘米，要知道個頭大的獐，體長也不過 1 米而已。這長長的獠牙，為牠們博得了「Vampire Deer」這個英文名。

獐的獠牙會動。在吃東西的時候，牠們的獠牙會倒下來，免得吃吃吃的時候碰壞。但要是進入了戰鬥狀態，獠牙就會「嗖」地一下立起來。看到獠牙直立的獐，你就該知道牠們已經做好戰個痛快的準備了。

南京紅山森林動物園的獐比較怕人，喜歡待在林子裏躲開人的視線，比較恬靜。想觀察到牠們那萌萌的牙齒，需要好好找一找。相比之下，黃麂就大方得多。如果你在獐麂坡看到一羣小狗那麼大、部分有角的萌鹿，那就是黃麂。

獐

黃麂

黃麂可不只是體形像狗。麂子在英文裏叫「吠鹿」（Barking Deer），説的是叫聲像狗吠。但我從未在動物園裏聽到過麂子叫，這可真是可惜。在中國，最常見的麂子是黃麂和赤麂。黃麂的個頭比較小，所以也叫小麂。

小型鹿類的雄性獠牙都是種內爭鬥的武器，説白了就是搶姑娘用的。很多人有一個誤區，看到一種動物有長長的犬齒，就覺得牠是吃肉的。其實，犬齒本質上是一種打架的武器，而不是吃肉的工具。真正的食肉動物，像老虎、狼，牠們的臼齒特化成切肉斧一樣偏薄片形的樣子，而不像人類臼齒這樣有寬闊且凹凸不平的頂端。這才是食肉動物的標誌。

原生環境展示原生動物，是動物園提升展示檔次的利器。只要理念到位，能想

大熊貓

到設計這樣的展區，建造時消耗的資源錢財比較少，動物的狀態和展現出來的行為也更好。類似的設計在南京紅山森林動物園的熊貓館裏也能見到，那兒有一片高坡被闢為了戶外活動場，在那兒生活的熊貓只要性格不宅，身體肯定強壯。相比瀋陽野生動物世界、大連野生動物世界的超豪華熊貓館，紅山的造價應該比較低，室外活動場的環境卻好很多。

2020 年，獐麂坡迎來了一位新的飼養員：拉拉，拉師傅。這個姑娘曾在華南一座優秀的動物園工作過，後來出門遊歷了一番，最終選擇了紅山繼續職業生涯。在她的管理下，獐麂坡出現了很多改變。在 2018 年的時候，這個展區的自然潛力讓我驚訝，而 2020 年的獐麂坡，則讓我覺得自然中出現了條理。

拉師傅做了些甚麼事兒呢？首先，她通過長期的觀察，徹底摸清楚了獐麂坡這一大片山林中的個體情況：有多少隻獐子，有多少隻麂子，性別比例如何，乃至於每一個個體如何區分，他們各有甚麼樣的性格，全都弄清楚了。接下來，她為獐和麂劃定了各自的空間，保證了不會互相干擾，有了這樣的劃分也就能做進一步的管理和加強。

為了提升遊客的體驗，獐麂坡新增了一些信息標識。拉師傅在小麂們喜歡躲藏的區域，設置了多個引導標識，告訴動物有可能藏在哪兒。而在獐子生活的區域，她在圍欄低處切出來了一個小窗戶，旁邊寫着「小朋友觀察窗」……

動物園裏免不了有生老病死，而一塊簡簡單單的「動物離世」的標牌，不僅在告訴我們應當尊重每一個個體的存在，還透露了飼養員對動物的用心，這不得不讓人感慨。

「動物離世」標牌

但動物園不可能只展示原生動物，如何展示生活在氣候完全不同的區域的動物，就更能體現出一座動物園的設計水平了。

南京紅山森林動物園的亞洲靈長館是國內所有動物園中最優秀的展區，很可能沒有之一。展區中展現出來的設計理念異常先進，值得所有國內動物園學習。

亞洲是靈長類多樣性極高的地區，從南到北，各種環境中都生活着不同的猴子和類人猿。國內的很多動物園都飼養有種類繁多的靈長動物，但像南京的亞洲靈長館這樣為不同動物提供不同環境的場館，幾乎沒有第二個。

白頰長臂猿

長臂猿的叢林

請看長臂猿的籠舍和金絲猴的籠舍。長臂猿和金絲猴都是擅長在樹上活動的靈長類，吃得也都很素。在一般的動物園裏，這兩種動物的籠舍非常類似，做得好的也就是爬架加綠植，幾乎沒有甚麼區別。在南京的亞洲靈長館裏，爬架和植被也是有的，但仔細一看，這環境就不一樣了。

川金絲猴，也就是最典型的「金絲」猴，生活在四川、陝西、湖北、甘肅的山地叢林中。這些區域冬天冷、夏天熱，川金絲猴那一身長毛便可耐受寒冬，而在夏天需要遷到海拔更高的區域避暑。而

現存的各種長臂猿生活在更南方的區域，適應亞熱帶、熱帶叢林較高的溫度，對寒冷的耐受較差。

所以，南京紅山森林動物園的亞洲靈長館為牠們設置了完全不同的環境。江蘇的氣候和四川類似，於是川金絲猴生活在軟網隔離出來的籠舍當中，不用太害怕冬天。長臂猿生活在玻璃和水泥牆圍成的溫室內，有新風系統維持恆定的溫度和濕度。

更精彩的是籠舍內植被的差異。一眼望過去，川金絲猴擁有的植物基本都是南京本地的溫帶植物，而長臂猿身邊的是熱帶植物。看着長臂猿搖盪而過，那畫面真是有種潮濕燥熱的感覺。

亞洲靈長館的幾個籠舍挑高都很高，爬架的設計也非常立體，這就適應了這些靈長類的樹棲習性。幾個籠舍之間，設計有軟網製作成的串籠廊道，在需要的時候，飼養員可以利用這些廊道控制動物進入不同的籠舍，讓牠們進入新鮮的環境，減少刻板行為的產生。

除了亞洲靈長類之外，南京紅山森林動物園內還有一些非洲、美洲的靈長類。來自中美洲的赤掌檉柳猴就是其中之一，如果你在園中看到了一些像戴着赤金色長手套的黑猴子，就是牠們了。相對亞洲的親戚，牠們的待遇要差一些，籠舍要小得多。

但就在這個小小的籠舍裏，我看到了一個特別漂亮的豐容：飼養員切了一顆直徑十幾厘米的大青椒，把裏面掏空，穿上繩子做成小碗，往裏塞了水果掛在了籠舍內的樹枝上。看到這個青椒碗之後，赤掌檉柳猴馬上躥了過來，兩手並用抓繩子，把青椒給撈了上來，先吃光了水果，然後就開始啃青椒。

赤掌檉柳猴

青椒碗

和金屬碗、塑膠碗相比，青椒碗特別妙：一來比較輕，猴子撈得動；二來可以吃，猴子願意去撈；三來不怕摔，怎麼用都不心疼，還便宜。這樣的小豐容，幾乎不花錢，但讓動物的行為豐富了不少，遊客看了也覺得好玩。一線飼養員能這樣動心思，那可比花錢更重要。

這樣的心思，往往能緩解籠舍的落後。國內的動物園，幾乎都有歷史包袱，都會有一些特別陳舊、落伍、糟心的籠舍。南京紅山森林動物園最糟糕的歷史包袱就是猛獸區了，一羣老虎、豹子等猛獸，都關在小小的水泥鐵籠裏，讓人看着很糟心。

但是，新的風貌自舊的展區裏逐漸浮現。2020 年下半年，南京紅山森林動物園的一批新猛獸區，開始建成投入使用了。最先亮相的，是中國貓科館。

所謂中國貓科館，自然飼養的是中國的貓科動物。在這個展區中，生活着豹、猞猁、豹貓三種中國原產的貓科動物。若以某些動物園愛好者的標準看，這裏沒有「尖貨」。我覺得，動物園養啥是其次，關鍵得把動物養好，讓牠們充分地展示出自身的信息。

紅山是怎麼展示自己的中國貓科動物的呢？我們先來看看外舍的環境。

相同的佔地面積，有坡度的山地，表面積要大於平地，一般來說，環境的豐富程度、植被的狀態也要好於平地。因此，山只要用得好，對於動物園來説是個寶藏。中國貓科館就坐落於山坡上，其中的好幾座展舍，借了山勢，給了豹一塊山坡。這些山坡當然不是水泥底，能夠見土，就有了更多的可能。我看到植被在夏日變得葱蘢，大樹透過可自動改變大小的環扣裝置，將樹冠伸出頂部的籠網之外。

山坡上，點綴的是石塊。有的石塊，構成了動物站高高的位置。在野外，各種貓科動物特別喜歡高高突出的石塊，牠們會站在上面觀察下方的環境，並在石頭上拉屎，留下自己的氣味信息，把顯眼的大石塊變成自己的廣告牌。

站在石塊上觀察的豹子

而有的石塊，構成了水流的通道，人工控制的小瀑布能給整個環境帶來活躍的氛圍，也帶給了動物新的選擇。

當然，也不是所有的展舍都有山坡，也有幾間是塊平地。在這些平地環境中，園方在其中放置了大量豐富環境的實體，有高大的爬架，倒伏的死木，面積不大但搭配有水邊植物的水潭……這樣的環境，讓人覺得很舒服。

籠舍之間懸在空中的通道

這樣的環境，給動物提供了更多的可能性和選擇。牠們能躲到某個角落裏，也能突然蹦出來，能夠在水裏玩耍，也能爬到高高的棲架上面，全憑牠們的心情。

上面說的這些展區，介紹的是豹和猞猁的地盤。豹貓的地盤要小得多，但其中的環境照樣豐富。

當動物躲起來的時候，大家該怎麼看呢？中國貓科館的展窗設置非常巧妙，它的每一間展舍，都有至少兩個不同的角度可以觀察，但每一個角度都不能看透整個籠舍。遊客可以在不同的展窗間來回移動，尋找合適的角度，來觀察動物。

據我觀察，目前的中國貓科館，看到豹子還是很容易的，牠們相對膽大，就算躲，也不太避着人。但猞猁和豹貓如果想躲就不太容易找了。豹貓，自然是因為個頭小，而猞猁就需要想辦法了。

當你在展區內漫步的時候，會看到有好幾個籠舍之間，有一個架在空中的圓筒。這是啥？這是連接不同籠舍的通道，容易被大家觀察到的是空中的幾個，還有若干地面上的通道。

這樣的通道有甚麼用？

較為原始的動物展舍，就是一間房或者一個籠子，動物吃喝拉撒睡，幹啥都在

這間屋子裏面，大家肯定都見過。為了讓動物生活得更好，也為了操作方便，這樣的單間慢慢會被隔成兩間，或是多間相鄰的展舍被串聯在一起，不同的區域會形成不同的功能，塑造不一樣的環境。例如，串聯的兩間房，一間是室外展區，一間是室內的操作間，日常的展示在室外展區，動物體檢、吃飯、晚間休息都待在操作間裏，這是目前很多國內動物園動物展區的狀態。

後來，設計者們發現，動物展舍的不同區域，不一定需要緊緊相鄰。兩個不相鄰的籠舍，通過一個通道連接起來，照樣能讓動物移動。這樣的連接方式，在空間利用上更加靈活，也更容易實現更多的功能。例如，懸在空中的通道，可以利用道路上方的空間，將多個分散開的展舍連接起來，還有可能讓遊客在下方觀看上方通過的動物。

於是，這樣的動物轉移通道，就成了國際上很多先進動物園喜歡使用的一種設計方式。這也成為了紅山新增的工具。當然，這樣的空中通道，並不只是做出來讓人覺得有意思的。如果是那樣，很容易進入歧途——我曾見過有個動物園給老虎做了個空中通道，把老虎趕進通道，然後兩邊一堵，就讓牠在通道裏面給人看。這種逼迫的狀態可很不好。

對於紅山來說，這些通道更大的意義在於轉場。中國貓科館有九個展舍，其中一個是給豹貓的，剩下八個，都由或空中或地面的轉移通道連接，裏面飼養了五隻動物，三隻豹，兩隻猞猁。

猞猁

如果長期將一頭動物，放在同一個展舍內，這個展舍就算環境再豐富，時間久了動物也會失去新鮮感，行為就會變得不那麼豐富。所以，中國貓科館的設計者，就設計了這些通道，讓這些動物，能夠隔一段時間，利用通道換一次籠舍，這樣，就能增加動物生活環境的豐富程度。

最終，每一隻動物都會住遍每一個籠舍。

讓動物們串籠的過程很有意思，特別像華容道。但是，讓牠們移動的過程可沒有華容道那麼容易，說動就動。這就得靠飼養員日復一日的正強化行為訓練，得讓動物對廊道脫敏，得讓牠們願意走過去。這樣的轉場，甚至已經成為了一種特別普通的過程，能夠很輕易的在遊客面前實現——很多遊客都拍到了。

這樣的過程，其實也是一種自然教育的過程。紅山為中國貓科館設置的自然教育，還不止這些。還有啥呢？

展區複製的貓盟 CFCA 在山西和順的保護站

昆蟲旅社，動物園應當成為本地昆蟲的棲息地

在中國貓科館的門口，有一座畫了豹子塗鴉的集裝箱小屋。咦，這不就是貓盟 CFCA 在山西和順的保護站嗎？

貓盟是一個致力於研究、保護中國貓科動物的民間公益組織。他們在全中國各地的保護區中安裝紅外線相機，做基礎調查。有了這些數據，才有可能進行科學的保護。在山西和順，他們管理着一個保護區，那個保護區中的頂級掠食者就是豹子。

原來，紅山的中國貓科館，在科普上和貓盟深度合作，在展區中複製了和順保護站，集中展示了野外保護工作者的生活和工作，也以此為切入點，介紹了中國野生貓科動物的知識。這樣的深度合作，似乎在中國動物園裏還是第一次。

指向保護工作的科普展陳，加上展現生態環境的動物展舍，呈現出了這樣一種效果：這座中國貓科館，展現的不只是動物，而是動物所處的生態，和牠們所需要的保護。我認為，自然教育如果不能導向保護，而僅僅是物種層次的科普，那就是低級的科普，就算玩出花來也不到位。

紅山森林動物園的沈志軍園長給我說過一段話：動物園不能只是迎合遊客，迎合會讓動物園越來越差；動物園應該引導遊客，讓遊客了解更多，變得更好。

很顯然，這個場館也做到了。在中國貓科館之後，狼展館、熊展館、虎展館也相繼開放。這裏要多說說黑熊生活的展館。

大家可以來想一想國內老一點的動物園是怎麼養熊的。大多都是一種很老很「經典」的坑式展示，這種展示方式源遠流長，是新中國動物園剛起步時從蘇聯學來的。在華北動物園的那部分介紹中，我說過坑式展示有三大問題，這裏我還要再重複一遍。這三大問題是：1. 環境單調，動物無聊；2. 視野太開闊，動物壓力大；3. 俯視讓人傲慢，擋不住投餵。

我們來看看紅山的新式熊展區是如何解決這些問題的。

首先是「環境單調」的問題。這個新展區構建了非常複雜的爬架。大家日常去逛的時候，就能看到黑熊在爬架上爬上

爬下地玩，看到這樣的畫面，大家可能會對這些黑胖子的靈巧的程度有一點新的認識。除了爬架，展區還借用了原有的山勢和土地。山，是動物園的寶貝，能夠加強展區環境的複雜程度。坡，在相同佔地面積的情況下能提供更大的表面積和更多的可能。而土地呢，那就更是寶貝了。只要展區見土，環境就容易搞得很豐富，就是因為土裏能夠長植物，有植物就有很多可能。

比方説，樹。大家如果運氣特別好，能看到黑熊爬樹。很多動物園是不允許熊爬樹的，為啥呢，一方面怕樹被玩死，一方面怕熊藉樹跑出展區。其實吧，只要展區設計得夠好，管理到位，這兩個問題根本不是問題。而只要熊上樹，咱們遊客就會看得很開心。熊爬樹那不比乞食有意思一萬倍？看熊爬樹的遊客也很有意思，我就聽飼養員説，有遊客看了後，長歎説：「完了完了，野外碰到熊爬樹也活不了了。」

再來看第二條「視野太開闊」的問題。這條是啥意思呢？大家可以想一下，如果把你放到一個四周都是玻璃窗的房子裏，一直有人在周圍看你，你壓力大不大？動物其實也是一樣的。熊這樣不知道害羞的動物還好一點，如果是豹之類的動物那可就麻煩了。怎麼解決這個問題呢？

黑熊

展窗

紅山的黑熊展區這麼大，但只有五個展窗。五個展窗面對了五個單獨的場景，每一個展窗，都無法把整個展區看透。這樣一來，熊在哪兒，都能找到不會被遊客四面環視的位置。但是，設計者在設置展窗的時候，又考慮到了遊客看動物的需求，因此，例如爬架、水池之類會產生比較精彩行為的點位，都放在了展窗前面。這樣一來，遊客雖然得找動物，但只要想找肯定能找到，而且看到自然行為的概率非常大。

同時，這也解決了俯視的問題。遊客在這些展窗前，面對動物都是平視或者仰視的，這樣在無形中就拔高了動物的地位。除了這些展窗位置，遊客和動物的距離都比較遠，展窗又是全封閉的，也堵住了投餵。這樣一來，三個問題就都解決了。

這樣的熊展區，是不是和你印象中的動物園熊展區已經完全不一樣了？

猛獸區的這幾個展館，水平全都是中國第一，亞洲前列。但就是這樣的水平，管紅山場館設計的馬可師傅卻說，它們其實只是歐美先進動物園上一個時代造物的水平。接下來，紅山的本土動物區會更先進，達到當下國際先進水平。

紅山動物園的改造還在繼續。當它的新展區陸續完工，大陸第一的頭銜，就是它的了。

新舊虎展區的對比，舊展區（左）拍攝於 2018 年底，新展區（右）拍攝於 2021 年初

上海動物園

上海動物園和上海這座城市一樣洋氣。

上海動物園（簡稱「上動」）和上海這座城市一樣洋氣。

上海動物園有兩頭大雄獅，名字都特別好聽：一頭叫辛巴，一頭叫呆瓜。這一頭大小眼的雄獅，應該是辛巴。

一座動物園，只要不滿是槽點，有一個亮點就值得我們去參觀。這個亮點，可以是做得特別精巧、漂亮的展區，別處看不到的物種，某類動物的系統展示。

上海動物園的靈長區就是一個巨大的亮點。

靈長類動物當中，哪一類行為最複雜、最好看？要我說，那必然是人科動物。現生人科動物有四個屬：人屬、黑猩猩屬、大猩猩屬和猩猩屬。上海動物園把這四個屬全部集齊了。這其中最難得一見的是大猩猩屬。

上海動物園的大猩猩是一家五口。羣中

辛巴

這個睡覺的個體應該是丹戈

妻子似乎又懷孕啦？

的大家長叫丹戈（或云「丹哥」，園裏的解説牌沒有統一），這位銀背雄性擁有兩位妻子，名喚昆塔和阿斯特拉。這個家族是在 2007 年來到上海動物園的。來了之後沒多久，懷孕的阿斯特拉在 2008 年生下了大兒子海貝，上海的寶貝。2012 年，阿斯特拉又生下了二兒子，園方在網上發起了徵名，網友票選第一的名字是「空知英秋」，但最終小朋友叫了海弟，上海的小弟弟。這個家族實在是十分豐饒。

大猩猩是羣居動物，只有在羣居時，牠們的內心才能彼此撫慰，天性才能得到釋放，我們也才能看到家庭成員之間的互動，從中破解人科動物社會演化的謎團。在上海動物園，你能觀察到這六頭大猩猩性格上的不同：會發現雖為兄弟，海貝比較膽小，海弟又頑皮又獨立；會發現孩子們的媽媽和姨媽會如何疼愛牠們，觀察到沒有孩子的姨媽在家中的角色；會發現族長丹戈護衛家庭的霸氣。

在中國，現在只有濟南動物園、鄭州動物園、上海動物園和台北動物園擁有大猩猩。鄭州動物園都只擁有一位雄性，對於大猩猩這樣的羣居動物，只養一

位，福利無法滿足，展示出來的行為既不豐富，也有些問題。上海動物園也曾僅有一頭孤零零的雄性，名叫博羅曼。博羅曼和濟南的威利、鄭州的尼寇都屬同一輩的老同志。牠們一生生活在動物園，和飼養員為伍，把有限的生命和自由獻給了自然教育。2017 年 11 月 27 日上午 9 點 40 分，博羅曼因搶救無效死亡，享年（大約）44 歲。我們會永遠記住牠。

在大猩猩館的旁邊，還有一個猩猩館和一個黑猩猩館。就這樣，來自亞非的人類至親聚首於上海動物園，對人科動物感興趣的朋友，便可在同一個地方看到人科四屬行為上的不同。這在中國是獨一無二的體驗。

黑猩猩

但是，上海動物園三個大猿展區的室內部分都不太行，全都是老式動物園那種豐容不夠、環境單調、狹小昏暗的狀況，只有大猩猩的稍大一些，還好一點。上海的冬天還挺冷的，大猿們有很長時間無法外出，只能在這樣的室內展區裏待着。不得不説，這是一個缺陷。

三類大猿體現了靈長類的大，那麼，一大羣來自南美的小猴兒，便可展現靈長類的小巧與古靈精怪。上海動物園擁有棉冠狨、金頭獅狨、傑氏狨、鞍背檉柳猴、赤掌檉柳猴等物種，是全中國擁有南美熱帶猴最多的動物園之一。這些小傢伙和我們常見的猴外表很不一樣，無論是外形還是行為都非常有趣。

除了牠們之外，上海動物園還飼養了來自亞洲的長臂猿、金絲猴、黑葉猴，來自非洲的山魈、狒狒、長尾猴。這樣的陣容，那可真是又有罕見的物種，又系統地介紹了靈長類。

可以説，即使是只有靈長類一個展區，上海動物園都非常值得看了。

上海動物園剛剛開放了一個新的展區：

古靈精怪的傑氏狨

「生無可戀」的獅尾猴媽媽

鄉土動物區。這是這座動物園的另一大看點。

近幾年，很多人都在呼籲中國動物園應該更加重視本土物種。通過本土物種的展示，公眾能了解到身邊原來有這麼多神奇的物種，而了解會通向關心和愛護。在本土動物的展示、教育方面，我們有台北動物園的台灣動物區珠玉在前。大陸第一個系統性介紹所在地本土動物的展區，便是上海動物園的鄉土動物區。

上海動物園的鄉土動物區，展示的自然是上海「土著」，牠們或者現在就生活在上海，或者歷史上在上海有分佈。從展區面積上看，整個鄉土動物區中最大的明星是獐。

獐，也叫牙獐，在英語裏雅號「吸血鬼鹿」，看了照片你就知道為甚麼要叫這個名字了。鄉土動物區的獐都還小，長大後，雄獐的上犬齒可長達 8 厘米，就像是只吃草的劍齒虎。

嚴格意義上講，哺乳動物犬齒的功能不

獐

是吃肉，而是打架。獐的這兩根獠牙會動，吃草的時候會往後倒，以免擋住進食；遇到敵人時會立起來，一方面嚇唬對手，真打起來了也可以拿它戳。

在獐展區的對面，是黃麂的展區。麂子們的雄性也有獠牙，但相對獐的要短。身在這兩個相鄰的展區，特別適合對比着看這兩種小型鹿。如何區分獐和麂？獐有獠牙而無角，麂有獠牙也有一對小角。相比梅花鹿、馬鹿、駝鹿等大中型鹿，獐和麂更接近於鹿類的祖先。有一種理論認為，鹿祖先爭奪交配權時是靠獠牙打鬥，就像獐那樣；獠牙的戳刺有可能導致頭部的致命傷，於是有的先祖鹿頭上長出了嶠，用來架住獠牙，就像

黃麂

雌性的麂那樣；後來，這些嵴越長越長，成為了原始的角，為了更方便架住獐牙，原始的角開始側向分叉，就像雄性的麂那樣；隨着角越來越長、越來越複雜，獐牙的作用就越來越小，所以我們熟悉的梅花鹿、馬鹿甚麼的，已經完全靠角打鬥而沒有獐牙了。

人類已知的麂有十二種，中國可能分佈有四種：黃麂、黑麂、赤麂和貢山麂。相比同樣不太罕見的黑麂和赤麂，黃麂明顯要小一截，這大概是黃麂也叫小麂的原因。在上海，無論是黃麂還是獐，都是本土就有的物種。

相比黃麂，上海的獐命運要更坎坷一些。有記載顯示，19 世紀七八十年代，

上海的獐隨處可見。但到了大約 20 世紀初的時候，獐在上海徹底消失了。直到 2007 年，上海的科學家和保護工作者們開始了「獐的重新引入項目」，他們從隔壁浙江引入了同亞種的獐，實現了人工繁育。隨後，經過了野化訓練的二代獐被放到了上海郊區的公園中。在沒有人類餵食的情況下，這些獐頑強地活了下來，並且開始了繁殖。上海的獐回來了。

有這樣的身世，鄉土動物區的獐們擁有這樣一片巨大的展區就不足為怪了。獐展區是啞鈴形的，環抱着豪豬的展區，豪豬的地盤又給了獐一定的遮蔽。最好玩的就是這裏的草地。鄉土動物區的各個外舍都不是水泥地，大多是草坪。豪

小爪水獺

大頭

豬們入住後，開始了牠們最喜歡的事情：打洞。一個春節未見，牠們的草坪已經不成樣子了。各種動物的自然行為，就能在這種對自身環境的改變中一覽無餘。

獐展區的草坪也很有意思，這是一塊種有稀樹和灌木、竹子的坡地。一羣獐就在此或坐或卧，或跑或跳，分外頑皮。尤其是獐子撒開腿飛奔的樣子，有一種野性的張力洋溢在繃緊的肌肉間。這些小傢伙只要天天這麼跑，大概不會發胖吧。

面對這樣的青草，獐子們怎麼可能不會吃吃吃。飼養員往籠舍中放了乾草，但有青草在，乾草的吸引力小了很多。除了草地，那些矮小的灌木甚至是竹子，都慘遭了獐子們的「毒口」。園方準備在開春的時候，再往裏面加一些灌木，撒一些草籽。用上動裴園長的話說，這些植物要是被獐子吃了，那就是牠們的，算食物；要還在，那就是我們的，算造景。反正就是一個：試。

獐展區如此大，其實也可以在裏面用木頭、樹杈堆幾個鬆散的堆，在堆裏面撒上草籽，讓木堆來保護小植物，這就成了本傑士堆。

在鄉土動物區的大門口，還有一羣人氣超高的小搗蛋鬼，那就是水獺。我一直説，動物園裏的動物不和人互動，展示自己的行為是最好的。但也有一些特例，比方説水獺。水獺這類動物好奇心太強，尤其是年輕的個體。往往只要展區旁邊來了人，牠們就會衝過來看人在幹啥——這有時候和投餵有關，但有時候也沒有關係，我在不少完全沒有投餵的水獺展區也見過水獺看人在幹甚麼。

這些水獺都是嚶嚶怪，叫個不停。牠們住在三個籠舍當中，從右到左，三個籠舍的水位一個比一個高，展示出來的效果也不一樣。最左側的深水展區中，水獺要是下水游泳，你可以貼着玻璃看牠們是如何在水下游的。

上動的這羣水獺是亞洲小爪水獺。可惜的是，上海本地分佈的應該是歐亞水獺，這就有一點不「鄉土」。但亞洲小爪水獺也是中國物種，也沒必要太苛求

了。有些動物實在難以獲取，用近似的物種就好，有說明就行。

這羣小爪水獺有光輝的歷史：牠們中，出過一個頭部有畸形的雌性個體，名叫「大頭」。大頭因禍得福，擁有了高於常獺的智商，成為了羣裏的女王，多次策劃外逃。據說，曾經有人見過「大頭」指揮別的獺搭獺梯，然後踩着往外跑。這位女王如今還是上動的英雄媽媽，正在後場生寶寶、帶孩子，所以暫時不見客。

其實，小型動物只要展示得好，那可比大型動物好玩得多，因為活躍啊！在水獺和獐子之間，還生活着幾種小型食肉類，牠們是貉、花面狸和狗獾。但目前這三個展區的環境、豐容以及動物的狀況還沒有達到最好的狀態，想看到牠們的自然行為，得碰碰運氣。

為啥呢？這三種動物的膽子比水獺要小多了，因為捕獵的普遍存在，牠們在野外一般也都是避着人的。這三種動物在動物園裏也喜歡躲着人。牠們當中，最適合觀察的是貉。不過想觀察到活躍的貉，得卡一下時間：牠們在遊客多的時候會躲在樹洞裏，大約下午四五點人少的時候，就出來散步了。其他時候，得在樹洞裏面找。

貉是中國的一種本土犬科動物，特點是腿短「身子短」毛很長。在日本，貉叫「狸」，《平成狸合戰》裏的就是貉。貉長得像浣熊，英文名叫 Raccoon Dog，也就是浣熊狗，可以說非常貼切了。但

貉

其實這兩個種很好分，貉是狗爪子，浣熊有類似人的手指。說來，我見過最逗的貉展區是莫斯科動物園的，他們竟然把貉同浣熊混養。

在上海這座大城市中，還生活着不少野生貉，上海動物園裏就有 —— 動物園

東方白鸛

水邊的鳥兒們

丹頂鶴

裏有野生的食肉類，是一件非常夢幻的事情。

在鄉土動物區的另一邊，有一片水域。這是片濕地，水面分區，各區深度不一樣，也有多個湖心小島，島上有蘆葦地也有小樹林。這樣的濕地，比中國常見的水禽湖的環境豐富程度要高上不少。我很期待有鷺以外的野鳥來這裏生活。

這樣有層次的環境，看起來更美。

目前，這個區域放養了一批丹頂鶴、東方白鸛、鴛鴦等水鳥。最好玩的是丹頂鶴。

你見過丹頂鶴游泳嗎？在這兒能見到。濕地裏有兩個小島是丹頂鶴的。這些丹頂鶴的翅膀做過處理，因此不能飛。兩個小島中間有深水相隔，最深處有 1.5 米。園方本想，這道水能隔開兩個丹頂鶴家庭。沒想到，牠們竟然會游泳串門。

丹頂鶴的泳姿特別逗。我們管這種長腿的水鳥叫涉禽，牠們在濕地裏一般是踩着植物、地面或是水底走路，真游起來，未必靈活。只見這隻丹頂鶴把翅膀舉高高，而不是像鵝啊鴨子牠們那樣收在身體旁邊，這大概是因為不太防水？丹頂鶴游泳也是靠腳刨水，但看起來重心特別不穩，整個身體都在晃動。

這麼仙的鳥，游起來居然有點笨。

也只有上海動物園這樣洋氣的動物園，才會不諱言鄉土吧！

盪鞦韆的馬來熊

上海動物園的洋氣，還體現在對自然教育的重視上。他們的科普，不光存在於園中，也活躍在網路上。

在園區當中，志願者們被組織了起來，駐紮在各個展區，阻攔投餵、介紹動物。我們不妨看看上動的馬來熊展區。其實這個展區也是一個坑，遊客可以從上到下地圍觀馬來熊。這種場地就很容易誘發熊的乞食。但上動的馬來熊行為比較自然，在展區中追跑打鬧，瘋狂玩耍。旁邊戴着擴音器不斷勸誡的志願者應該是功不可沒。

至於講解部分，聽得出來，這些志願者都比較稚嫩，介紹大多是背的。但那些資料編撰得很好，志願者們也很認真，這就十分可愛。

更有意思的是，志願者們的小推車上放置了很多動物的標本，這些標本你可以看，更可以摸。於是，你能摸到獵豹、花豹、金絲猴、黑白疣猴等許多種動物的毛皮，這些毛皮都來自動物園內去世的動物。利用觸覺感受這些動物，這是十分罕有的體驗。

實物觸摸帶來的感受，遠超觀看。你知道獵豹脖頸上的鬃毛摸起來有多軟嗎？金絲猴、黑白疣猴這兩種長毛猴哪一種毛更軟？想知道的話，去上海動物園吧。

在網路上，上海動物園也沒有放棄科普。他們的官網、微博、微信都是認真運營的，經常會提供很多不錯的動物知識，很值得一看。並且科普的方式非常時髦。上海動物園的官方微信曾推送過一篇《我們由奇跡構成》，藉這部當紅日劇，科普了劇中的一些關鍵詞。提供的內容由淺及深，各類人羣都能滿足。這樣重視網路科普、玩得還這麼溜的單位，別說在動物園裏找了，在國內所有科學相關的系統裏也不多。

這樣的動物園，值得我們期待它的未來，並且一去再去。

科普小推車

杭州動物園

這裏有一種特別喜歡早上唱歌的動物：長臂猿。

杭州動物園，也是華東地區頗值得一去的動物園。這個動物園開門很早，秋冬季在早上 7 點、春夏季在早上 7 點半就開門了。它位於西湖南側的丘陵當中，內部道路起起伏伏，園林、綠化是出了名地好，很適合早上去鍛煉。更妙的是，這裏有一種特別喜歡早上唱歌的動物：長臂猿。

長臂猿和人類、各種猩猩是近親，隸屬於靈長類中的人猿分支。但相對於我們，長臂猿是更適合在樹上生活的動物，牠們臂展很長，能用這對手臂在樹林之間穿梭。

這種動物的社會行為非常豐富，牠們日常生活會以家庭為單位，佔據一片密林

我去的時候在下小雨，玻璃起霧特別嚴重，湊合看一下山魈的籠舍吧

繁衍生息。牠們如何向同類表示某片區域歸屬自己呢？用歌聲。中國動物園裏較為常見的冠長臂猿屬，是歌聲最為婉轉動聽的長臂猿類羣。牠們的雄性調門悠長，雌性聲音婉轉，配合在一起就是完美的和聲。

冠長臂猿屬的鬥歌一般發生在早上。相鄰區域內的長臂猿此起彼伏，越鬥越起勁。因此，在動物園裏，如果能有若干個家庭，配上合適的環境，長臂猿的歌聲絕不會讓你失望。

杭州動物園的長臂猿，是冠長臂猿屬中的白頰長臂猿。2017 年的一則新聞裏提到，這裏生活着十二隻長臂猿，分成三個家庭。牠們居住的籠舍雖然不大，但很高，豐容也頗為上心。這兒的長臂猿，可能是中國動物園裏最愛唱歌的一批之一。不過，想聽到猿鳴，就一定得早早趕去聽。我去的那天起晚了，9 點多才到，於是完全沒聽到。

杭州動物園是一個老牌動物園，老牌動物園都有很多歷史包袱。譬如狹小的鐵籠子、坑式的展示區，都是幾十年前的遺產。如何對待這些包袱，體現了一個動物園的水平。有錢有能力的動物園，會把包袱徹底扔掉，推倒重做；缺錢有能力的動物園，會儘可能地用造價較低的方法改造，提升動物福利；最差的就是不改的了。

杭州動物園可能就是錢不夠多，但是有能力有想法的動物園。他們的靈長類籠舍都很小，但全都有很好的爬架，注重利用高層的空間。

豹

這樣的傾向，在豹房裏更明顯。杭州動物園一共養了四五隻豹和美洲豹，全都住在只有一百平方米左右的小隔間裏。這些隔間都非常小，但每一間當中，都種有植物，有爬架，有地方可供動物躲藏。更棒的是，籠舍的後立面上，建有小平台，可供豹們跳上高層。這就把籠舍的上層空間利用起來，增加了活動空間。

這樣的操作，緩解了地方不夠大帶來的負面影響，不可謂不用心。但空間大小畢竟是硬傷，杭州動物園有幾隻豹，還是明顯不夠活躍，缺乏運動的慾望。

地方不夠大這種硬傷，最終還是得靠場館的整體翻新、擴建來徹底解決。杭州動物園也有一批面積較大的場館，其中最精彩的是黃麂的展區。

杭州動物園是一座建於丘陵山地當中的動物園。山地，永遠是動物園的寶貝。

這裏的黃麂展區建於一片斜坡上。山間的喬木、灌木和石塊、坡地都保留了下來，人工加增的是方便飼養員工作的木

黃麂

黃麂的山坡

黑麂

製步道，和由兩塊木柵欄圍成、地面較平的圈舍，黃麂可以自行選擇要不要回到圈舍當中。於是我們便看到一羣金毛犬那麼大的小型鹿，放養在山間，牠們來回巡視找吃的，雄性也會互相較量爭奪異性或是和異性調情，足夠大的地盤也保證了牠們的爭鬥不會惡化成血案。

黃麂這種動物，在華東本來就有自然分佈。這樣用原生的山地環境，飼養原生動物的展示方式，實在是再好不過。在台灣地區，黃麂名叫山羗。台北動物園有個很優秀的台灣動物區，裏面也養了黃麂。我覺得，杭州動物園的黃麂展區，比台北動物園的更好。

在這片優秀的展區上方，還飼養有毛冠鹿和黑麂，這兩種小型鹿都是中國原產，在中國動物園中更為稀有。牠們的籠舍比較狹小平庸，但能看到，也屬於驚喜。尤其是黑麂，這可是原產於華東、華南的國家一級保護動物啊，沒有幾個動物園有。和更常見的赤麂、黃麂相比，黑麂的身體顏色更深，更好玩的是腦袋：牠們的角上多毛，看起來像戴了一頂毛髮做的王冠。

杭州動物園的不少新展區，都借了山勢，雖然不大，但修得很漂亮。比方説修建於山間喬木林中的小熊貓展區，和藉高低落差修出了瀑布的小爪水獺展區。

小爪水獺

當然，這座動物園也有不少槽點。讓人看了最難過的，莫過於狼和豺的小籠子、海豹的髒水池、大海龜的迷你水缸，毫無水準卻又是中國動物園標準水平的兩爬館。這些籠舍散佈於動物園各處，提醒着大家這個動物園還不夠好。

只希望這些不夠好的地方，能慢慢變好。

蘇州上方山動物園

這裏有全世界最稀少的動物——斑鱉。

華東地區還有數座從物種上看極有特色的動物園。這其中，最稀罕的是蘇州上方山動物園。這裏有斑鱉。

看，這就是斑鱉。這是全世界最珍稀的龜鱉，乃至全世界最稀少的動物，離滅絕就只剩一線。

轉發這隻比熊貓還稀少一千倍的斑鱉，科學家就會再找到很多斑鱉……抱歉，劇本拿錯了。

在上方山森林動物世界的兩棲館附近，有一片巨大的池塘，池塘邊有緩緩的坡地，四周被玻璃幕牆圍了起來。這片場地一看就知道頗受重視。這裏就是斑鱉展區，全世界已知斑鱉個體的一半，都生活在這裏。

說是一半，其實也就兩隻。是的，全球已知的斑鱉個體只剩四隻。兩隻在中國，目前都生活在蘇州；兩隻在越南。

越南的斑鱉中，有一隻發現於 2018 年年初，發現的方法頗為曲折：科學家懷疑有個湖泊裏有斑鱉，於是採集湖水，在水中找到了極微量的斑鱉 DNA，微弱又明確，於是確認了這第四個個體的存在。這彷彿是把一小勺味精倒入游泳池，然後用舌頭嚐出鮮味一般。

是的，尋找斑鱉就得這麼賣命，這麼曲折。就在幾十年前，斑鱉的數量應該沒有那麼少。這種動物的歷史分佈，或許是從上海向西向南延伸到越南，地盤極其廣闊。就在 1954 年蘇州動物園建園的時候，園內還有十幾隻巨大的「癩頭黿」，應該就是斑鱉，只不過，那時蘇州動物園根本不知道「斑鱉」是甚麼。

人類尤其是中國人意識到斑鱉是個獨立的物種，並且亟須保護，那是最近三十年的事情。20 世紀 80 年代，蘇州科技學院（現蘇州科技大學）的生物系建立，蘇州動物園送上了一批標本作為禮物，

斑鱉

支援生物系的建設。這其中就有幾隻「黿」。黿也是一種中國原產的大鱉，但和斑鱉畢竟不是一個東西。蘇州科技學院的趙肯堂教授發現，這些個「黿」其實是獨立的物種斑鱉，並且數量相當稀少，於是開始為這個物種奔走正名。直到 20 世紀 90 年代，斑鱉才受到重視。到了 21 世紀，動物園間實質性的保護工作才徹底展開。

但這時已經晚了。當時人們只知道蘇州剩下三隻斑鱉，上海還剩一隻，這就是國內已知所有的斑鱉了。沒想到保護工作剛一展開，蘇州死了兩隻，上海死了一隻。這可真是讓人毫無辦法。

還好，機緣巧合的是，動物園人又湊巧在長沙動物園找到了一隻雌性斑鱉，正好和蘇州剩下的這隻雄性斑鱉配對。於是，在幾方拉扯、協調之下，2008 年，長沙的斑鱉姑娘遠嫁蘇州，被送到了蘇州動物園。後來，蘇州動物園搬遷到上方山，這兩隻斑鱉被再次遷徙到了現在的地方。

如今想看斑鱉，就得到蘇州上方山森林動物世界來。找到斑鱉池之後，你得靜靜地等待，期待斑鱉給你面子，露頭給你看一看。我運氣很好，剛到斑鱉池不久，就看到了那頭可能有一百來歲的傳奇雄性。

你會見到一頭近兩米長像黑色巨石一般的大鱉，在池塘裏慢慢地游泳。牠在大多時候潛在水下，這時你很難發現牠。但每隔幾分鐘，斑鱉就會露出水面換個氣。只見牠把豬一樣的鼻子戳出水面，

隨後是方形的大口，在水中吐着泡泡。牠會在水面吸上一大口氣，然後再次沉入水中。

這頭斑鱉的臀部有幾塊肉粉色的大斑。紀錄裏説，牠曾和其他同類打架，被咬掉過一部分裙邊。不知道這些大斑，是不是就是當年戰鬥後留下的疤痕。

雄斑鱉身體後方的疑似傷痕

我的運氣只夠看到一隻斑鱉，另一隻雌性沒有賞光，留下了遺憾。這兩隻最後的中國斑鱉，也給我們、給牠們自己留下了遺憾：十年了，這兩個個體沒有留下後代。母鱉曾經產下過不少卵，公鱉曾讓少數幾個卵受精過。但最終沒有小鱉出生。不知牠們還能嘗試幾年。

有消息説，越南願意把他們的斑鱉送到中國來，嘗試繁殖。希望這個計劃能夠走通，希望不要太遲。（2019 年 4 月 13 日，那隻雌性斑鱉還是去世了，一切還是太晚了。）

但説實在的，蘇州的斑鱉池子看不出來好。整座動物園更像是一座舒適而美觀的公園，在動物展區的設計和動物飼養方面並不出眾。我們想看斑鱉，但我們並不只想看斑鱉啊。

濟南動物園

濟南動物園的頭牌明星，毫無疑問是大猩猩威利。

濟南動物園也有頗值得一看的動物。

1995 年，建設部評過一次「中國十佳動物園」。這十個動物園中還有八個以當年的主體存在着，它們底蘊深厚，家裏畢竟闊過，縱使這些年都落伍了，但也遠比很多動物園好。濟南動物園就位列其中。

威利

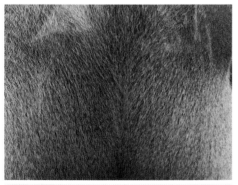

威利的銀背

濟南動物園的頭牌明星，毫無疑問是大猩猩威利。

大猩猩是羣居動物，每個羣的頭兒是一位銀背大猩猩。隨着年歲的增長，雄性大猩猩的背毛會慢慢變成銀白色，所以被稱為「銀背」。每一個銀背，都是威武的壯士。

威利的場館很小，尤其是內舍比較單調，這是老動物園的通病。這位銀背一直很怕冷，如果你在溫度不太高的時候去看牠，牠肯定會在猩猩館的內舍。如果你運氣好，會遇到威利蹲坐在玻璃幕牆的旁邊，那時，你可以體會到和銀背大猩猩對視的震撼。

威利的個頭不高，標稱 1.7 米。但牠很壯，手臂異常粗壯，胸肌發達，背寬而厚。在牠那巨大的頭上，有一對不是那麼大的眼睛。如果牠對你產生了興趣，會盯着你看。你會在牠的眼中看到智慧。

中國的動物園界曾經有過一小羣大猩猩，但總的來說，這個現生人科動物中體形最大的類羣，在中國遠不如黑猩猩和紅毛猩猩常見。到了今天，整個中國只有三個城市擁有大猩猩：鄭州、上海和濟南。這三個動物園都擁有一隻聞名遐邇的銀背大猩猩，牠們都在自己的城

市居住了至少二十年，看着這個城市的小朋友慢慢長大，孤獨地感受着自己慢慢變老。2017 年，上海動物園的博羅曼走了，享年（大約）44 歲。

威利出生在 1976 年，相對野生大猩猩來説，牠已擁有高壽。2020 年 12 月 19 日，威利因突發性腦部出血去世，享年 44.5 歲。

濟南動物園中的另一珍寶，是喜馬拉雅塔爾羊

塔爾羊原產於青藏高原，是國家一級保護動物。這種羊的雄性特別好看，脖子以下，有漂亮的長毛，加之是黃褐色的，看起來像穿了一身蓑衣。

濟南動物園擁有全中國最大的圈養喜馬拉雅塔爾羊羣，這裏的塔爾羊繁殖得很好，你能看到不少小羊。但在別的動物園裏，就很難看到這個物種了。

作為一個老牌的動物園，濟南動物園在近十年經歷過幾輪改造，有不少籠舍體現出了新的思想，模仿了動物的原生環境。比方説，他們的塔爾羊擁有一座假山，可以上下跳躍玩耍；麋鹿展區的正中有一條低窪的泥溝，積聚了水，混成了爛泥，正好適合喜歡沼澤的麋鹿。這兩個展區都很大，於是犧牲了一點邊緣的土地，安排上了寬闊的樹籬，這樣就能擋住遊客的投餵。

塔爾羊

南昌動物園

這個動物園當中，最值得一看的是一羣小鳥和一頭大象。

南昌動物園當中，最值得一看的是一羣小鳥和一頭大象。

靛冠噪鶥是一個極危（CR）物種，在野外大概也就不到 400 隻，遠比熊貓要珍稀。此前，靛冠噪鶥被認為是黃喉噪鶥的一個亞種，但後來發現差別太大，獨立成了種。

若我們看一看靛冠噪鶥的分佈，會發現一個很神奇的現象。我們已知靛冠噪鶥曾分佈在兩個小區域，一個在雲南的思茅，一個在江西的婺源。這種鳥沒有長距離遷徙的習性，為甚麼會分佈於兩個距離遙遠的地方？為何會呈現如此間斷分佈的特性？答案可能很難找。一個原因，是思茅的靛冠噪鶥已經成為了傳說。息止安所。於是，靛冠噪鶥就成為了江西的特有鳥類，南昌動物園是國內唯一擁有這種鳥的動物園。他們的靛冠噪鶥都捕捉自婺源，這種對極危物種的捕捉，其實有一些爭議。但如果南昌動

靛冠噪鶥

物園能夠順利繁殖，用人工種羣反哺野外，那麼就算是不辱使命了。

我向南昌動物園的朋友諮詢過靛冠噪鶥的繁殖問題。他們現在有十多隻靛冠噪鶥，近幾年都有繁殖，人工繁殖出的個體也有生子。園內有四個科長自告奮勇盯着飼養，基本就是一對鳥一個人了。但是，幼鳥的存活率還是太低，還有繁殖難題需要攻關，無法實現野放。

南昌動物園曾經展示過靛冠噪鶥，據他們說效果很差，小鳥展示的難度比較大，遊客一般也不太識貨，所以後來乾脆收到了內舍，專心做繁殖。不得不說，這是遊客的損失，看不到一種極危級別的江西特有鳥類，實在是可惜。同時，這也是南昌動物園的損失。如此物種，本該成為一塊金字招牌啊！

其實，南昌動物園不妨在鳥舍中多佈兩個攝像頭，尤其是要對準繁殖期的巢，然後在館舍外面放上兩台電視放直播影片，再輔以較強的引導，同時在網上直播，就能兼顧展示和繁殖了。這也對動物園的宣傳大有好處。

而那頭不看等於沒有去南昌動物園的大象，叫「糯柘」。牠真的是一頭「劍齒」象啊！在中國，不會再有哪個動物園，能看到這樣的長牙巨象了！

現生的亞洲象、非洲象，都有一些有大牙的個體。但無論哪個種，象牙達到一定的長度就會出現彎曲，彎曲的方向通常是先向上然後再彎向兩側最終往內收，如果從頭前方看，兩根象牙會呈現

「（ ）」的形狀，在非洲赫赫有名的「象王」薩陶就是這個樣子。

但糯總的大牙長得非常神奇，牠的牙幾乎是直的。如果說一般的象牙像阿拉伯彎刀，那糯柘的牙就像是弧度小得多的日本刀，直直地從嘴邊延伸出來，長度可達地面。這樣的形態，特別不像現生的大象。我的朋友菊石君覺得，糯柘是「被古象靈魂附身的亞洲象」，有着互棱齒象的外貌。這是一種早已滅絕的遠古大象，查了一下圖片，這牙確實很像啊！

仔細看糯柘的象牙，尖端似乎有磨損的痕跡，看身形似乎也常常有抬頭的動作。不知這對長牙是不是經常和地面摩

糯柘的長牙

糯柘（攝於 2021 年 4 月）

擦，但如果糯柘生活在野外，這長牙估計會和山石有更多的磕碰，大概很難維持這個長度吧 —— 等等，想甚麼呢，如果野外有頭這樣的大象，那肯定早就被偷獵者盯上了。上文裏説的非洲長牙巨象薩陶，就是死在了偷獵者的手下。

人類對象牙的獵取，也改變了大象。有研究認為，大象的象牙長度有縮減的趨勢。這個趨勢很好理解，長牙的個體更容易被獵殺，因此長牙的基因就更難流傳。糯柘這樣的長牙巨象，還是亞洲象，如今真的是越來越難見到了。

在這樣一個時代，我們幾乎已經忘記長牙象的雄壯模樣，糯柘的存在就更加珍貴。

但糯柘的長牙基因大概很難再傳下去了。牠和妻子一直生育不旺，只育有一女。但可惜的是，糯柘的女兒嬌嬌，幼年時就被拿來做馬戲訓練，這對牠的身體影響很大。2014 年，嬌嬌突然消失了，實在讓人心塞。

青島動物園

園中最值得看的場館，大概是象龜館。

青島動物園是一個古老的動物園，各種籠舍都流露出滿滿的年代感。換句話說，大多籠舍又老又小又破。

園中最值得看的場館，大概是象龜館。這座新建的象龜館獨立於兩爬館，設施相對先進得多。場館內舍的地面是沙地，有紫外燈，陽光也能漏進來。室外的展區面積不小，也是適合象龜的沙地。

亞達伯拉象龜

亞達伯拉象龜展區

這裏飼養的象龜，是亞達伯拉象龜，毛里裘斯的國寶，全世界第二大的象龜。在中國，有不少玩家悄悄飼養着不合法的亞達，各家動物園裏倒很少養。所以，這還算是一種在中國不常見的動物。在青島動物園裏能看到一座還不錯的亞達展區，讓人頗為意外而開心。

除了毛里裘斯的國寶，青島動物園裏還有我們的國寶熊貓。這裏的熊貓館舍很新，爬架、玩具一應俱全，水平不低。

這一座象龜館、一座熊貓館，比青島動物園其他的展區先進大概二十至三十年。為啥會這樣呢？熊貓受重視自不必說，那幾隻象龜，是毛里裘斯送來的國禮，象龜館開館當天，毛里裘斯總理親自前來觀禮，這要不好好養就成外交事故了。很顯然，這是被兩種有政治色彩的動物迫着前進啊。

這也説明這座動物園能夠建好場館，養好動物，就看上不上心、投不投入了。當你走入它的靈長館，會看到五隻黑猩猩住在頗顯空曠的籠舍中；邁入猛獸展區，除了老虎，獅子、猞猁、斑鬣狗、狼、棕熊都關在狹小的鋼筋水泥牢籠裏，無所事事，昏昏欲睡，或者在遊客的投餵下起舞。

這可真讓人難過呀。

黑猩猩

斑鬣狗

福州動物園

福州動物園最好的幾個場館，全都位於靈長動物區。

再説説福建省的動物園。在整個華東地區，福建省的動物園水平墊底。

全中國建在山間的動物園還有個幾座，但像福州動物園這樣，整個園全在山坡上，坡度還很陡的，大城市裏應該沒有第二個。倒是在國外，我見過一座地形特別類似的動物園，那就是新西蘭的威靈頓動物園。

福州動物園最好的幾個場館，全都位於靈長動物區。這幾座場館借了山勢，用幾個巨大的鐵籠，把好幾棵大樹扣在了籠子當中。於是，長臂猿、黑葉猴便會在樹枝間穿梭。和自然的大樹相比，人類設計的各種玩具，那真是比不上。

這兒的長臂猿有兩個家庭，其中一個家庭裏，有一個頑皮的小黑。白頰長臂猿會變色，剛出生的時候是淺棕色，稍微長大變成黑色，如果是雄性就一輩子黑到底，雌性會在性成熟後變成褐色。我不知道這個小黑是公是母，但我知道牠很欠，沒事兒就撩撥一下牠爹，結果孩兒牠爸經常在半空中追着孩子，教牠做猿。

同在靈長區的川金絲猴展區也是這個思路，但出來的效果差太多。相比長臂猿，川金絲猴的破壞力簡直高好幾個數量級。籠舍裏的幾棵大樹，全都被牠們

白頰長臂猿

給幹掉了。所以，現在只剩高高的軟網籠，猴子能夠利用的運動場只有低處的幾個爬架。這可實在是可惜。

福州動物園的靈長動物區位於山頂，想要看到那些生活頗為自由的猴子，就得從山底一路往上爬。福州動物園的展區像一個啞鈴形，山底有一大片，山頂有一大片，但在這之間就是狹長的通道，一路往上爬，中間的動物特別少。喜歡動物的青壯年還好，要是帶來小孩、老人來逛，那可是要了命了。

這種糟糕的體驗，就來自福州動物園糟糕的規劃。如此山坡，利用好了是財富，沒有利用好就是福州動物園。一方面毀了遊客體驗，一方面也影響了動物福利；但另一方面，也説明福州動物園有着巨大的潛力。

黃山野生動物園

這座動物園又名皖南野生動物救護中心，是一個國家級的救護中心。

安徽南部的黃山野生動物園是一個非常特殊的存在。它還有一個名字：皖南野生動物救護中心。

既然來到了一個救護中心，那就一定要去一趟他們的救護後台看一看。於是，我們聯繫了微博上的皖南救護中心員工。這位大哥一碰到我們，就一臉嚴肅地說：「我們剛救助了一頭大熊貓啊！」

大熊貓分佈在中國的四川、陝西兩省，絕無可能出現在安徽的荒野當中。大哥，你這麼逗我，我會信嗎！

結果後台門一開，我就被鐵籠一角的一隻動物給吸引了⋯⋯呀，還真是「大熊貓」！看，就是牠：這種動物名叫海南虎斑鳽，別號「鳥中大熊貓」。為啥要有這個稱號呢？其實我也不太清楚，只能猜個大概，最重要的原因應該就是少。全世界僅剩的海南虎斑鳽大概也就1000隻左右，生存現狀還不是很好，於是被列為瀕危動物（EN）。

海南虎斑鳽是一種夜行性的鳥類，因此擁有標誌性的大眼睛。大眼睛的周圍，有螢光綠色的裸皮，眼後有一條白色線條，像耳朵一樣。夜行性加上白「耳朵」，大概就是牠們也被稱作「白耳夜鷺」的原因。

海南虎斑鳽

皖南野生動物救護中心中的這一個個體，看起來特別瘦，脖子特別細，這就讓那一對大眼睛顯得更大了。看到我們幾台相機圍着拍，這個小傢伙一動也不動，這其實是牠應對敵害時的一種策略：我不動，又有保護色，敵人大概就看不到我了吧！

海南虎斑鳽只是以救助為目的的臨時飼養，放歸後就沒有了。但這個救護中心

真是和大熊貓有緣，除了大熊貓和鳥中大熊貓，還飼養有水中大熊貓和安徽大熊貓，真的是大熊貓樂園了。

所謂「水中大熊貓」，是指揚子鱷。揚子鱷在古代雅稱鼉，俗稱豬婆龍，在分類上隸屬於短吻鱷這一大類，其特點就是嘴巴像個鏟子一樣，又圓又扁又寬，和那些尖嘴巴的暹羅鱷或者灣鱷一比，真是顯得又憨厚又老實。揚子鱷也是中國的國寶，極危（CR）級別的物種，在野外只剩大約 200 隻，非常危險了。

皖南野生動物救護中心的揚子鱷展區相當有趣。我們在國內動物園內常見到的鱷魚展區，就是一個水泥池子裝上水，環境異常糟糕。但這裏的揚子鱷展區，擁有泥質的湖底和泥質的緩坡，揚子鱷想下水就下水，不想下水就在岸邊打洞。一旦有人打擾，可以躲到洞裏去。這就基本上是模仿了原生環境。

這個展區做得相當棒，如果要說有甚麼缺陷，那就是水池還顯得淺了一點，可以在池中央往下挖一挖，加一小塊深水區。

所謂「安徽大熊貓」，就是黑麂了，這也是一種國家一級保護動物。黑麂是小型鹿，但在麂子這個普遍嬌小的類羣當中，又算得上是個大個子。黑麂身上最好玩的部分，莫過於額頭上和兩根短短的鹿角長在一起的一堆橙色長毛。皖南野生動物救護中心裏有一隻公黑麂的頭毛徹底包住了角，毛很長，還都很順地直着長，看起來頗為「龐克」。

黑麂的展區，是一片山坡上圈定的籠舍。坡上有高樹，有灌木，有石塊，這就是這種安徽大熊貓的原生環境。在這裏，黑麂會靈活地奔跑，我真是羨慕牠們這樣在山地裏也能自如運動的動物啊。

揚子鱷

黑麂

除了黑麂，皖南野生動物救護中心還飼養了不少黃麂。黃麂也叫小麂，個頭確實比黑麂要小上不少，顏色也要黃不少。牠們的籠舍也是一片圍欄圈起的原生環境，過得比較自在。

你要覺得，只能在籠子裏面看到黃麂，那就大錯特錯了。皖南野生動物救護中心本身坐落在一片山地中，外面有一圈圍欄，內部夠大，環境也很豐富。於是他們把一羣黃麂撒在了山地當中，半放養了起來。我看到這些半野生的黃麂時，牠們正在灌木叢裏覓食，聽到了人的動靜，幾小隻迅速四散逃開，一溜煙就消失了。

黃麂

在原生環境裏半放養原生動物的飼養、佈展方式，我僅在烏魯木齊天山野生動物園和這裏見過，這樣在荒原、山林之中找動物的感覺非常棒。

中華鬣羚

園中還有一種國寶，待遇那可就差多了。這種國寶是中華鬣羚。全中國的動物園中，只有皖南野生動物救護中心公開展示中華鬣羚，別處都看不到。

中華鬣羚是一種中小型羚羊，個頭比一頭山羊稍大。牠們有着羊角、驢耳朵、馬鬃毛、牛蹄子，因此也被稱為「四不像」。中華鬣羚的基色是灰黑色，腿上顯紅色，脖頸上有飄逸的白色鬃毛，看起來特別仙氣。皖南野生動物救護中心裏曾有一頭二十歲的老鬣羚，但不幸仙逝，現在這個是一頭從小被救護到大沒法放歸的兩歲小公羚，牠特別喜人，在狹小的水泥籠舍中，顯得異常活潑。

對，就算是在這麼狹小、單調的籠舍裏，還是好看得驚人。不過，想讓鬣羚的行為好看，還是要激發出牠們適應峭壁的能力。

總而言之，作為皖南野生動物救護中心，這是一個國家級的救護中心，園內眾多的本土國寶與這個身分相稱。但作為黃山野生動物園，這又只是一個縣城的動物園，即使飼養了好幾頭熊貓，也沒有辦法和大城市的野生動物園抗衡。

我喜歡這座救護中心，但對這座野生動物園實在是無感。如果你想看老虎、獅子、長頸鹿，別來這裏。如果你對中國的野生動物感興趣，那就必須來一趟了。

雅戈爾動物園

這裏大部分動物擁有的環境都不算差,可是能給人深刻印象的物種
或是展區還是不夠多,也不夠突出。

虎

華東的野生動物園中,同質化較為輕微的,是寧波雅戈爾野生動物園、合肥野生動物園和青島森林野生動物世界。

2017 年大年初二,寧波雅戈爾動物園突生風波。一名不願意買票卻想入園參觀的遊客翻越幾重圍牆,未曾想到卻進入了老虎的地盤,就此殞命。說到寧波雅戈爾動物園,就不得不說那次老虎咬死逃票者的事件。死者為大,我就不評論這位遊客的行為。但對於動物園和那隻後來被擊斃的老虎來說,這完全就是無妄之災。

近兩年過去了,雅戈爾動物園已經恢復了平靜。北門附近的猛獸區中,老虎、獅子依舊徜徉在小河邊的林地中。旁邊頗為密集的保安亭內,幾位保安師傅百無聊賴地防備着作死的人。看着老虎懶洋洋地漫遊,看着牠們輕輕地從草叢中鑽過,伸出舌頭慢慢喝水,只覺得這個畫面十分安逸。

讓我們暫且把目光投向南門，這是雅戈爾動物園的鳥區。我覺得這是整座動物園看着最舒服的一塊大區。雅戈爾的鳥，有不少巧妙地混養。這兒的噪犀鳥是跟雉雞混養的，一個較大的鳥籠罩着一排小樹，樹棲的犀鳥守着樹冠，樹下則是雉雞生活的區域，兩種動物互不干擾。而在牠們之間，是一羣混進來偷食物的麻雀，畏畏縮縮地在樹枝之間跳來跳去。

噪犀鳥

鳥區中還有一小羣灰翅喇叭鳥，牠們身體為黑色，背部為灰色，胸前有五彩金屬色毛，長得眉清目秀，眼睛很大。喇叭鳥是廣義上的鶴，只分佈在南美，叫這個名字是因為叫起來像喇叭。這種大小如雞的鳥行為也挺像雞，性格還挺兇，會隔着籠網兇人。雅戈爾動物園給灰翅喇叭鳥提供的籠舍裏有一小片樹叢，牠們能在其間穿來穿去。

灰翅喇叭鳥

近些年，應該是有國內的動物貿易公司解決了灰翅喇叭鳥的繁殖，在國內的動物園中，這種鳥越來越多見了。

除了這些野生鳥類之外，雅戈爾動物園

還飼養了很多品種鴿，有的腳上有長毛，有的脖子上有翻領，有的鼻子上有瘤子……看完這些鴿子，你肯定會感歎人類實在是太能造了。

除了鳥區，雅戈爾動物園還有一大特色是在湖心小島上放養的猴羣和長臂猿。之前在深圳動物園等南方的幾篇文章裏，我說過好幾次長臂猿島是種在亞熱帶熱帶很高效、好看的靈長類展示方

式。在雅戈爾動物園，大家就能看到這種方法在溫帶的效果了：夏天沒事兒，冬天很多怕冷的猴兒就得收回內舍。這個動物園猴的室內展區位於北門東側，大部分籠舍老得很，沒法看。

黑掌蜘蛛猴

但黑掌蜘蛛猴的籠舍是個意外。牠們的外舍意外地又高又大，從籠舍頂端垂下來的繩索和爬架成為了這種靈活的樹棲猴類玩耍的地方。我去的時候下着小雨，天很冷，但兩個完全不怕冷的個體（大概是小傢伙）在外舍跳來跳去，玩得不亦樂乎，看得人也開心。

蜘蛛猴是種有「五肢」的動物。牠們的尾巴末端腹面無毛，和手指、腳趾一樣有「指紋」，強壯有力又靈活，能夠當手來用。這也是一類來自南美的猴子，在國內動物園不常見，幾乎全黑的黑蜘蛛猴多一些，雅戈爾動物園飼養的這種棕黃色為主的黑掌蜘蛛猴就不太常見了。

蜘蛛猴的隔壁，是新修的象舍。這個象舍的外場都是泥地，擺脫了水泥地面的困擾，有豐容，有水池，這兒的亞洲象個體數還不算少，成了一小羣。這種飼養、展示水平，在國內還算不錯。

亞洲象

與之類似的是犀牛展區。那些大個子滾在泥地裏，看起來也挺怡然自得。

寧波雅戈爾動物園就是如此。看起來，這是一座放大版的城市動物園，大部分動物擁有的環境都不算差，看一圈下來也沒有太多壞心情的地方。但轉完一圈，總得拚命想一想，才找回記憶——這裏能給人深刻印象的物種或是展區還是不夠多，也不夠突出。

白犀牛

無論如何，老虎吃人的窘境終究是過去了。

合肥野生動物園

天熱的時候，應該可以看到老虎在這池塘裏游泳吧！

合肥野生動物園，就是個有歷史包袱也有新氣象的動物園。只不過，他們的包袱實在有點破，新氣象又頗為宏大，這落差實在是太過刺激。

合肥野生動物園建在起伏的小山之間，佔地百公頃，對動物也不太吝嗇，建有好幾個大型展區。他們的猛獸區，是我至今在國內看到的最有意思、最奇特的猛獸區，大概沒有之一。

大，就沒甚麼可說了。無論獅虎，都是動物園裏待遇不錯的動物，好多動物園都有大型獅虎展區。合肥野生動物園的這個有趣在於環境，最有意思的一個虎區背靠山坡，前有池塘，側邊是一片小樹林，中國老虎的原生環境不過如此了，更何況這樣的環境還很好看。

最有意思的是這個池塘。這可不是敷衍的水泥小水池，它是個活的大池塘。池塘中央有一個栽種了樹木的小島，島上有一羣鴨子。拉近一看，嚯，這是斑嘴鴨啊，很可能是野的，怕不是被這環境吸引過來的。

虎區池塘中的野生斑嘴鴨

其實，老虎很愛水，游泳、潛水的能力還不錯。不過這個展區裏的老虎大概是吃飽了不想動，也不是南京虎，懶得潛入池塘抓鴨子玩，畢竟這麼大的猛獸抓那麼小的水生飛鳥效率實在太低了。而這些斑嘴鴨也比較識相，雖然嘎嘎嘎地玩得挺歡，但都儘量躲在池塘遠離老虎的那一端，隔着小島不打擾老虎。

天熱的時候，應該可以看到老虎在這池塘裏游泳吧！

這片巨大的放養區裏也不只有獅虎狼這樣的猛獸，還隔出來了幾個食草動物區。其中有一個混養了非洲的伊蘭羚羊和亞洲的梅花鹿的區域，地面和其他幾個展區完全不一樣。其他幾塊兒地全是草地，就這裏地面上全是碎石，沒甚麼草，不知有何用意，伊蘭羚羊和梅花鹿的生活環境也不全是這樣的地形啊……

在這塊石灘旁邊，則是整個放養區中最吊詭的一個展區。合肥野生動物園「上限高得奇怪」，怪就怪在這兒。這是一個混養展區。甚麼混甚麼呢？黑熊混養麋鹿。

是的，你沒有看錯，黑熊混養麋鹿，大型食肉動物混養大型食草動物。

在合肥野生動物園裏，公鹿基本都要鋸角的。角是鹿的武器，在不夠大的人工環境裏，有角、荷爾蒙分泌又旺盛的公鹿會欺負其他動物，有時候還會打得很厲害。所以，儘管鋸角影響動物福利，還特別影響展示效果，往往也是一種沒辦法的辦法。

但在這個展區裏，公麋鹿的角還在……那一頭恣肆舒展的大角彷彿在向黑熊挑釁：你過來試試？

麋鹿

黑熊

黑熊看起來倒是挺老實的。展區裏的麋鹿大概有五六頭，其中大概有兩頭是公的。黑熊只有兩頭。牠們大概之前也幹過架，如今隔着一個水池平分了整個展區。只要沒人逗的時候，黑熊就隔着水池盯着麋鹿，大概在用那一對小眼睛看着鹿，意思是：我看你了，有種你打我？

這種看起來還挺和諧的對峙，其實還是有風險。在野外，黑熊畢竟不是棕熊，沒有那麼彪悍，不太會攻擊成年大型鹿。這個展區也挺大的，別說退一步，退十步也有空間。但萬一哪天幾位爺氣不順劍拔弩張都不退後了呢？還是有隱患啊。

説到投餵，合肥野生動物園的這個放養區肯定深受其害。這裏參觀方式和西寧野生動物園的類似，都有一個長橋跨越整個展區。但人家西寧的長橋很多區域被鐵絲網或是玻璃幕牆全包了起來，離地面還很高，合肥的長橋毫無防備投餵的設計。就不説投餵了，橋下滿地的垃圾，看着人都心煩。

不光是放養區，整座合肥野生動物園的籠舍，都沒有防投餵的設計。就拿小熊貓館來説，這也是一個非常優秀的展區，無論是大小、豐容、原生的植被都很好，小熊貓掛得滿樹都是，身體狀態也不錯，還有繁殖。但是，展區周圍的圍牆就一米來高，遊客想怎麼投餵，就可以怎麼投餵。一有人餵，一羣小熊貓就衝了過來盯着人看。

小熊貓幼崽

這有啥意思呢？是小熊貓爬樹不夠萌，還是在樹上掛着不夠萌，還是舔毛不夠萌，還是奶孩子不夠萌，還是摔個屁股蹲不夠萌，還是打架不夠萌？和投餵後乞食的單調相比，小熊貓自己玩起來好玩多了。

合肥野生動物園還有不少設計得非常精彩的展區。

如果只看這些展館，合肥野生動物園倒真是一個細節詭異、整體喜人的動物園。但有些老的展區啊……得是二十至三十年前的水平吧。

合肥野生動物園的黑猩猩皖星，是我親眼見過最肥的母黑猩猩之一。牠的肚腩已經大到不像黑猩猩，運動時的動作也顯得很笨拙。皖星所住的猩猩館，還好換過一次木質的爬架，要不然還要顯得老舊。但就是這個已經改進過的展區，

濕透的猛禽

也只有這麼一個木爬架，其他甚麼東西都沒有，實在是太單調了。

更糟心的是，以小獸館為代表的一系列水泥鐵籠子，這些老籠舍放到上個世紀末都嫌差。

我見過幾個省會級動物園，有比這還差的籠舍。但那幾個動物園都是整體上的差，完全沒有前文描述過的那麼好的場館。這就讓合肥野生動物園呈現出兩極分化特別嚴重的狀況。在這裏，你會看到很漂亮的自然行為，在湖光山色中看到叢林裏悠悠走出的猛獸。在這裏，你也會看到動物蹲監獄。

上限不斷提高，下限歸然不動，這算是好事呢，還是壞事呢？

黑猩猩皖星

青島森林野生動物世界

科趣館是一個兩爬加小型夜行動物館，有幾種小型的猴子，頗為少見。

青島森林野生動物世界，位於黃島開發區，離市區十分遙遠。坐公交過去得花上一兩個小時才能入內，打車那可就貴了。它有一個特別漂亮的河馬溫室展區。這個展區配套的外舍就不說了，正常水平。好的是內舍。這個內舍一改中國動物園河馬內舍單調、狹小、醜陋的設計，建了一個溫室，內有三小一大四個水池，養了一小羣河馬和一小羣鱷魚。館內氣味也管理得很好，不臭。

在冬天，這樣的溫室至少不會憋屈，也不會太髒，河馬也有一定的運動空間。而人的觀感，是極大地提升了。這個溫室裏的植物要是再配套一點，用上非洲植物，暹羅鱷換成尼羅鱷，門口鎖着的鸚鵡變成放養的，真正設計成一個溫室封閉展館，就像新加坡動物園的熱帶雨林區那個樣子，就特別厲害了。

青島森林野生動物世界的幾個新場館，似乎都很重視內舍的建設，這在中國特別難能可貴。據說，他們的亞洲象內館設計得也很好，地面鋪上了沙，有各種豐容物件，是國內少有的好象館。我去的時候，地圖上寫着這個地方在修，門口也在施工，我就沒進去。沒看到也真是可惜啊。

青島森林野生動物世界的科趣館，其實是一個兩爬加小型夜行動物館。館中有幾種小型的猴子，頗為少見。最罕見的是大鼠狐猴。這種小狐猴成體的體重只有 400 多克，是最小的靈長類之一。但牠們的手臂非常強壯，因為交配時得用。上海動物園曾經展示過這種動物，似乎現在也撤展了。青島森林野生動物世界可能是國內唯一在展大鼠狐猴的動物園了。

河馬

河馬的內舍

河馬池

大鼠狐猴

杭州野生動物世界

杭州野生動物世界的亮點是猛獸區和車行區。

接下來要說的杭州野生動物世界、上海野生動物園、濟南野生動物世界，這三座動物園就特別類似了。它們的動物基本一樣，參觀方式基本一樣，也都有一些表演的噱頭，更讓人不爽的是，這些動物展得也不算好，其實展區好也能成為特色。這樣的野生動物園，你會有種去了一家等於去了好多家的感覺。

杭州野生動物世界（簡稱「杭野」）最有意思的，是掠食險境展區，其實也就是猛獸區。

獵豹

北極狼

杭州野生動物世界的猛獸區有許多優點，首先就是猛獸種類多。這裏的貓科動物種類豐富，有虎、獅、豹、美洲豹、美洲獅、獵豹、藪貓、猞猁；和貓關係近的還有斑鬣狗和縞鬣狗。這裏的犬科動物也不少，其中最不俗氣的是北極狼。為了適應北極的白雪，生活在北極圈裏的數個灰狼亞種演化成了白色。這裏的北極狼不知是哪個亞種，並沒有標明。我只看出來牠們是話癆，叫個不停。

作為地主家養的猛獸，杭野的這些掠食者地盤都不小，每一個場館都至少有幾百平方米。並且，這麼大的場地，並不只是給了大型掠食者，像赤狐、黑背胡狼、耳廓狐這樣的小傢伙，家也很大。當然，若論地盤大小，也不是沒有槽點。這裏有的掠食者密度實在太大，抵消了大面積的優勢。比方說獵豹，數量是真多啊。

猞猁

耳廓狐

如果細摳掠食險境展區每一個場館的設計和豐容，它們雖然夠不上頂級，但都很不錯。不管哪一個，拆到北部、西部那些不是很優秀的動物園裏，都能讓整個園增色不少。更難能可貴的是，這個區沒有死角，每一個籠舍都不錯，都沒有明顯的大硬傷。各種大型爬架、遮蔽物、豐容玩具林林總總，配合上水池和坡地，一個個場館看起來都很漂亮。

真的是地主家的猛獸區啊！

杭州野生動物世界的另一個亮點，是它的車行區。每天，這裏有定時的數班小火車，帶領遊客進入車行區，圍觀裏面的野獸。車行區中大半動物在步行區也可以看到，但車行區裏的籠舍都更加廣大，環境的多樣性也更高。舉個例子，車行區裏的棕熊擁有特大游泳池，面積應該達到了步行區內的馬來熊整個展區的一半。

這個展區裏還有寶貝。杭州野生動物世界裏有好幾隻豺。豺這種動物，我之前的好幾篇文章都說過：曾經遍佈於中國，如今極度罕見，有豺的動物園，也只剩十家左右。杭野的豺展區，是中國最好的豺展區之一，地方不是一般地大，有可供爬高的石頭，有可以挖掘的泥坡，有能夠藏身的管子。更可貴的是，因為藏在車行區裏，遊客的干擾比較小。希望這裏能繁殖出豺吧。

棕熊

豺

上海野生動物園

全園最好看的便是亞洲象、非洲象兩個大象羣。

上海野生動物園其實並不差，也有不少亮點。全園最好看的便是亞洲象、非洲象兩個大象羣。中國動物園中的大象，絕大多數都是亞洲象，一個動物園養個兩三頭都算不少的了。上海野生動物園的亞洲象、非洲象都有十多頭，這可是極罕見的大象羣。

在遠古時期，象的家族非常繁盛。到了現代，才滅絕到僅剩兩屬三種的境地。如果從分類學上看，亞洲象屬和非洲象屬還不是最近的親戚，和亞洲象關係最近的是已經滅絕的猛獁象，然後才是現存的非洲象。所以，仔細來看，亞洲象和非洲象有很多差異，乃至於放在一起一目了然，很容易區分。上海野生動物園兩種象的展區相對，左看一看，右看一眼，配合現場的科普，就能找到大部分外觀上的不同。

但無論是哪個屬，象都是羣居動物。上海野生動物園的兩個大象羣，就能滿足象的社交需求，這可是提升大象福利的要點。再加上展區很大，豐容不少，在這裏觀察大象的行為非常有趣。比方說，非洲象的展區中有一根木頭，象們可喜歡它了，輪流着跑來用身體撞、用象牙頂，從上面刨下來的木頭碎塊，都被撿起來吃掉了。非洲象玩大樹，這可是紀錄片裏的情節啊。

上海野生動物園的非洲象，全都是沒有成年的亞成體。牠們都是 2016 年從津巴布韋進口來的。這些小象，可造成過很大的風波。

津巴布韋是個窮國，但擁有豐富的野生動物資源，並且長期宣稱他們的非洲象過剩了，於是經常向國外合法輸出。

亞洲象

非洲象

2016 年，包括上海野生動物園、杭州野生動物世界在內的一批動物園，組團從津巴布韋進口了 35 頭非洲象，而且都是幼象。這次貿易是合法的，並且站在津巴布韋官方和動物園的角度也有合理之處，一方希望賺錢養家，一方希望充實收藏，都很正當，但還是在國際、國內造成了軒然大波，甚至有外媒不無惡意地宣稱，津巴布韋這是賣動物還中國的債。

為甚麼這次進口遭到了這麼多的反對？問題出在幼象身上。儘管有人一再強調流程的合法乃至「合理」，但一次收集 35 頭幼象出口的事情，實在讓人細思恐極。大象是羣居動物，親輩會想方設法保護自己的孩子。是甚麼，讓強大的象羣放棄了幼象，又有多少個象羣受到了威脅，才集齊 35 個個體，這都讓人十分不安，讓人無法不遐想聯翩。津巴布韋的政壇並不清淨也不透明，官僚系統腐敗嚴重，這樣的決定如何得到批准，賺到的錢是否用於保護事業或是國計民生也難以追溯。

非洲幼象來到中國已然成為事實，無法更改。我們只能希望牠們能在中國過得好一些。當大家看到這羣非洲象的時候，也請不要忘記牠們的來源。

非洲象展區

濟南野生動物世界

濟南野生動物世界有不少讓人看了高興的展區。

小美洲豹

濟南野生動物世界中，我最喜歡的一個展區是花豹小徑區中的幼年美洲豹展區。這個展區原本是用來飼養獵豹的，但自從他們的美洲豹生下了一花兩黑三個幼崽之後，就屬於了這幾個小傢伙。這個展區非常大，足有一千平以上。內部有假山，有小湖，有植被，有遮蔽。三隻小豹子在裏面玩得特別開心，尤其是那個小湖，深受喜歡游泳的美洲豹喜愛。

這三隻小美洲豹的媽媽是一頭黑豹。黑化，在許多貓科動物尤其是熱帶的貓科動物中比較常見，因為在濃密的雨林或是高草地中，黑化的暗色沒有太大劣勢甚至有一些優勢，於是遠比白化的基因容易保存，甚至有的黑化還能帶來更抗病的附加作用。美洲豹和花豹都能黑化，但黑美洲豹還是要更多一些。儘管變成了黑色，黑化美洲豹身上的梅花斑還是存在，在合適的光照角度下，很容易看見。

貓科動物的黑化可能不是由一個基因決定的，所以，黑豹媽媽生出正常顏色的小豹子非常正常，不是沒墨了。

冠鶴展區

濟南野生動物世界有不少這樣讓人看了高興的展區。這裏的鶴們，幾乎都生活在水流包圍的小島上，這可是模仿了牠們在自然界中會選擇的沼澤環境，又通過島的結構隔開了遊人。車行區的岩羊、歐洲盤羊混養展區，用人工材料扭出來了一棵高樹，喜歡爬高高的羊們，總有一天會在樹上結一串吧。

但這樣的高興，總是持續不了太久。濟南野生動物世界是一個售賣投餵食材特別多的動物園，園方雖然沒有允許遊客投餵所有動物，也沒有神鵰山那個奇葩動物園那樣過分，但隨處可見的投餵還是影響了很多動物的行為。

熊就是個例子，牠們的展區也位於花豹小徑中，是這個展區中唯一允許投餵的一類動物。果不其然，熊們一看到人靠近，就直立起來乞食，甚至也出現了轉圈「表演」的畸形行為。真是白瞎這麼好的爬架了。

我反對投餵有兩個原因：一是亂餵吃的容易把動物餵壞，二是投餵會改變動物的行為，以自然行為為基礎的自然教育

就根本搞不了了。園方提供收費投餵，可以保護動物不被餵壞，但動物的行為絕對會壞掉。就例如熊，有投餵就完蛋。

現階段，中國遊客投餵的慾望難以抑制，我其實並不完全反對通過可控的投餵壓制不可控的投餵。但是，如果甚麼物種都這麼搞，那是不合適的。

另外，這三座動物園都出現了「表演」。但很明顯，這些表演發生了換代，正在從古老的野生動物馬戲模式，慢慢向人表演的雜技轉變。最典型的一個「換代」，發生在杭州野生動物世界裏。我看了園中森林劇場的全場表演，看完感覺……還挺好看的！

整場表演的都是人，野生動物僅限於亮

黑熊

精彩的雜技

「馬」戲

落後的馴象，也沒吸引多少人

個相：鳥出來飛一飛，猛獸裝籠子裏推出來當個道具。最深入表演的就是老虎了，大變活人，最後變成了老虎，老虎一臉懵：「我是誰？我在哪？我在做甚麼？」

這算不上十分過分。

關鍵是表演好看，不是騙傻子那種讓狗熊踩個球，鸚鵡騎個車，猴子騎個羊。演雜技的小哥哥、小姐姐演得都很好，下面的驚叫一陣一陣的。

這樣的表演，足夠好看，也足夠有噱頭，能夠滿足不少想看「馬戲」的遊客。

其實，遊客真的要看馬戲嗎？並不，遊客要的是好玩。拿這樣的表演來吸引遊客，提高票價，並不是一件不可接受的事情。

但杭野也有非常糟糕的表演。他們的大象「行為展示」，就是非常老套的馬戲表演：讓大象後腳蹲下、站立，用鼻子扣個籃，拿腳踢個球，這算哪門子行為展示？相比之下，這樣的表演實在是低級。這就是換代沒有換完。

相較之下，濟南野生動物世界的動物表演更多，上海野生動物園的表演更偏向於不太純粹的動物行為展示。

寫在最後

自然是我們永遠的老師

在本書截稿的時候，我在微博上看到了一個影片。那是廣州動物園做的一個黑猩猩食物豐容：他們用麻繩把圓筒形的取食器綁在了兩根爬架之間，離地的距離不小，而食物藏在圓筒裏面。黑猩猩發現取食器裏有食物，於是使出了渾身解數，猛烈地晃動麻繩，想要把取食器給搖下來。

這不是在折騰黑猩猩，而是在給牠找事兒做。在野外，黑猩猩也需要如此賣力才能找到食物，才能活下去。野生動物保護組織「貓盟」評價説：「見證野生動物如此努力地生活，不禁想為牠加油鼓掌，同時牠的堅持不懈也鼓舞着我們，這才是動物園應該傳遞給公眾的。」

沒錯，這才是動物園應該傳遞公眾的。動物園應該讓我們看到動物身上的尊嚴，看到演化賦予牠們的「超能力」，看到牠們的高貴與智慧。同時，我們也應當努力去看懂這一切。這也會讓我們變成更好的人。

我們應當尊重動物，無論是飼養動物的動物園，還是作為遊客的我們。因為牠們會教給我們太多的東西。

我堅信，我們的動物園會變得越來越好，遊客也會變得越來越好，這樣才配得上我們的動物們。這些動物，是會在山間高歌的長臂猿，在叢林間奔跑的黃麂，也是在草原上咆哮的獅羣，橫衝直撞的各種犀牛。

更好的明天肯定會到來。

附錄

國際自然保護聯盟瀕危物種分級

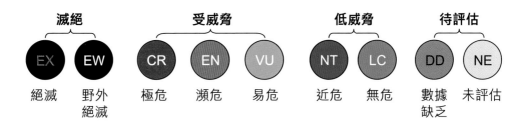

國際自然保護聯盟瀕危物種紅色名錄（或稱 IUCN 紅色名錄，簡稱「紅皮書」），是全世界動植物保護現狀最全面、最權威的名錄。它把物種分為絕滅（EX, Extinct）、野外絕滅（EW, Extinct in the Wild）、極危（CR, Critically Endangered）、瀕危（EN, Endangered）、易危（VU, Vulnerable）、近危（NT, Near Threatened）、無危（LC, Least Concern）、數據缺乏（DD, Data Deficient）、未評估（NE, Not Evaluated）九個等級。分級的依據，不是按物種的絕對數量，而是按增減的趨勢和受威脅的程度，級別越高，滅絕的可能性越大。它沒有法律效力，而是一種科學上的判斷和參考。

◎ 責任編輯　　鍾昕恩

◎ 校　對　　劉萄諾

◎ 裝幀設計　　鄧佩儀

◎ 排　版　　時潔

◎ 印　務　　劉漢舉

逛動物園是件正經事

花蝕 / 著　　　霧野 / 原畫作者

出版 | 中華教育

香港北角英皇道 499 號北角工業大廈 1 樓 B 室

電話：（852）2137 2338　傳真：（852）2713 8202

電子郵件：info@chunghwabook.com.hk

網址：http://www.chunghwabook.com.hk

發行 | 香港聯合書刊物流有限公司

香港新界荃灣德士古道 220-248 號 荃灣工業中心 16 樓

電話：（852）2150 2100　傳真：（852）2407 3062

電子郵件：info@suplogistics.com.hk

印刷 | 美雅印刷製本有限公司

香港觀塘榮業街 6 號海濱工業大廈 4 字樓 A 室

版次 | 2022 年 4 月第 1 版第 1 次印刷

© 2022 中華教育

規格 | 16 開（220mm x 166mm）

ISBN | 978-988-8760-83-1

本書繁體字版經由商務印書館有限公司授權出版發行